豁达

宽心的智慧

精装典藏版

吴国明 编著

时事出版社
北京

图书在版编目（CIP）数据

豁达：宽心的智慧 / 吴国明编著 .—北京：时事出版社，2021.10

ISBN 978-7-5195-0441-0

Ⅰ .①豁… Ⅱ .①吴… Ⅲ .①人生哲学—通俗读物
Ⅳ .① B821-49

中国版本图书馆 CIP 数据核字（2021）第 173459 号

出 版 发 行：时事出版社
地　　　址：北京市海淀区彰化路 138 号西荣阁 B 座 G2 层
邮　　　编：100097
发 行 热 线：（010）88869831　88869832
传　　　真：（010）88869875
电 子 邮 箱：shishichubanshe@sina.com
网　　　址：www.shishishe.com
印　　　刷：大厂回族自治县德诚印务有限公司

开本：880×1230　1/32　印张：8　字数：120 千字
2021 年 10 月第 1 版　2021 年 10 月第 1 次印刷
定价：48.00 元
（如有印装质量问题，请与本社发行部联系调换）

前言

人生之福，在乎一心。一个人心量有多大，事业发展就有多好；一个人有多少宽容，就有多少成就。人最难得的就是拥有宽心的智慧。

豁达是“本草”，心宽是“良药”。性情豁达的人，能表现出一种大度、开朗、宠辱不在意的淡定。豁达的人对生活充满希望，能够乐观面对遇到的各种挫折。豁达的人像向日葵，永远追着阳光，不管身处何方，他们都能为自己找到方向，为未来找到希望。不管身处困境还是顺境，都能以平静之心待之，懂得乐观看人生，豁达看世界，在有限美好的人生里，过好、活好每一天。

本书内涵深刻、富有哲思，采用诸多古往今来的经典案例，生动解读了豁达的意义与修为，对人生、财富、处世等诸方面进行阐释，勘破纷扰表象，指向自省自在的幸福人生，一如清澈甘霖，让人身心善美。

目录

第 10 章　心淡者，淡对邪财而不取

第 11 章　心淡者，淡对波折而不恼

第 12 章　心淡者，淡对委屈而不愤

第四篇　豁达者，心智

第 13 章　心智者当识人：识人不探尽

第 14 章　心智者当责人：责人不苛尽

第 15 章　心智者当敬人：敬人不卑微

第 16 章　心智者当让人：让人不退尽

第一篇

豁达者，心宽

雨果曾说过，世上最宽广的是海洋，比海洋更宽广的是天空，比天空更宽广的是人的胸怀。

胸怀的宽广没有界限，所以能装下波澜壮阔的人生，能看透风云变幻的风景。心胸宽者拥有大境界，拿得起更放得下，所以他们深谋远虑，决胜于千里。

—— 第1章 ——
心宽者有境界，能看远

心宽似海，就永远不会封冻

面向大海时，每个人的内心都会有一番感慨，同时会放下心中的烦扰来感受大海的广阔，享受难得的宁静。杯子的容量甚小，海却可容纳百川，宇宙的浩瀚广博更是让我们无法观测其边界……由此可见，万物都有着自己的容量，人心亦是如此。界限不在于客观条件的限制，而在于我们心中的自我限制。

知识只有通过不断更新，才可以掌握更多更为先进、准确的信息，没有一位学者能够一劳永逸而不去做知识更新。即使是大海，所收纳的百川也处在不断的变化之中，因为每年都会有新的河流注入，同时也会有河流枯竭。宇宙浩瀚无边，但它也逃不开不断变化的事实。不想让自己的心封冻，就要试着将心放宽，也唯有如此，才能接受更多，得到更多。

在丽江古城之中，有一座不亚于其他古代王公贵胄的繁华宅邸，那就是木府。在纳西人的心中，封建领主木府土司一直占有非常重要的地位，可以说木府土司为纳西族的发展做出了巨大的贡献。

木府有着一个不同于其他地方官宅的特点——没有将府邸围起来的城墙。这对于统治者的宅邸来说，未免过于特别。无论是从领地还是安全方面考虑，这样的做法都是明显的失策。

但是事实却并非如此，这样的选择让木府土司得到了民心。在历代的土司当中，十九世可以说是一位公认非常杰出的土司，他曾提到过，不设城墙是为了能和百姓融入一体。这种做法经过了事实的验证与历史的考验。虽然宣示领地主权的城墙消失了，但是他所得到的却不仅仅是城墙能够圈起来的面积。木府的面积相较以前更加宽广，而土司的心比他的领土还要宽广。

对于一位统治者来说，高高的城墙象征着地位和权力。肯舍弃城墙的君主，必定心胸无比宽广。取消了象征着权势和地位的城墙之后，土司可以直接了解民心、民意以及民生，对自己的政策以及统治也都有了更客观而直面地了解，这也使得木府的统治得以延续。

城墙虽只是一物而已，但是它所代表的意义却不同一般。很多人患得患失，担心自己因为一时的不注意而失去所有的一切，于是为自己的心设了界限、划了范围。从历史中不难看出，一位心胸宽广的君主，他的统治也一定很稳固，处于其统治下的朝代也必定是繁盛的。

众所周知，唐朝是我国古代历史的一个重要朝代，那是一个开放的时代，各个民族之间也没有非常明显的界限。所以，呈现出了“贞观之治”“开元盛世”等繁荣的治世局面。唐太宗等唐朝君主作为明君而名垂千古。但是晚清的君主担心自己的统治会受到通商贸易威胁，于是选择了闭关锁国，然而结果却是将当时的中国遗弃在了世界前进途中的末尾。

高瞻才能远瞩，看得更远也就不会封冻起自己的内心。当内心之门打开之后，能够装下的，即世界。

把心胸拓宽，才能了悟世间百态，参透人生真谛。很多人也是因为打开了自己的胸怀，才见到了真理，看到了从未看过的人生景致。

21 岁，本该是生命盛放的时期，但是史铁生却因病瘫痪了。对于当时的他来说，这种打击是对肉体和精神的双重折磨。即使是这样，他还是在重新认识自己、接受自己的过程当中，打开了心的设限，试着去接受肢体残缺的自己。在失去了部分行动能力之后，他转而开始思考自己，思考人生，思考一切。

失去了用双腿丈量大地的能力，他选择用笔来探寻自己的前路。因为他不再纠结于自己的身体残缺，而是用放宽了的心去思考人生和整个世界，所以他的无数优秀作品也出现在了大众的视野当中。

人们残缺的往往是心灵的某个角落。人们为自己设定了活动范围，龟缩在其中，只能在这个范围中打转，永远也走不出自己设下的困局。事实上，只要试着拥有和打开这个角落，那么冰封的心也就自然能够解冻了。

井底之蛙的故事无人不知，无人不晓。对于它来说，天只有井口一般大而已，其实限制它范围的无关于视野，而是它的心。它认定天只有那般大，自然不会去试想天空的辽阔无垠。如果它打开了自己的心门，那么无边的天际自然就被纳入心中。

如果只着眼于自我设限的世界，就只能在自己的困局当中挣扎。若想看得更远，懂得更多，唯有解除心中的设限。这样，才能保持心如大海。

心宽不计较，人生便无所不能达

世上本无事，庸人自扰之。很多时候，事情往往没有那么复杂，但是很多时候，因为自己的各种猜疑或计较，使得事情越来越繁复，有时还会出现误会。于是，因为人们放不开这样那样的小事，如此一来，反倒忘记了最开始的自己，忘记了自己是为了什么而工作。这种时候通常也就失去了目标，不知道为了什么而前进，很容易止步不前。

对于现代人来说，温饱已经不再是幸福的标准。幸福对于很多人而言是一种内心的满足感，但是在很多时候，人们的幸福指数往往偏低。这也是因为人们容易太过于计较，因为眼前很小的得失，而忘记了自己要去的地方，也就迷失了应该前进的方向。

清代有一位叫做张英的大学士，他在朝为官，家人远在家乡。

有一天，他的家人给他捎来一封书信，信中说家乡的邻居要向外扩张院墙三尺，这样就侵占了老家的院子。因为这件事他家人感到非常气愤，决定无论如何都要守住自己的院子，于是双方发生对峙。他家人气不过就给他捎来书信希望他能够制止邻居，出一口恶气。对于已经身为大学士的他来说这件事易如反掌，但他没有用自己的权力去打压邻居，而是给家人回了一封书信，信中写道：

千里家书只为墙，

让他三尺又何妨。

万里长城今尚在，

不见当年秦始皇。

看到张英的书信后，他的家人也觉得自己有些小题大做，太过于计较了。于是就放弃了原来和邻居争抢的打算，让出了三尺之地。邻居本来已经做好了争夺到底的准备，但是看到张英的家人让出了三尺地给自己，也知道了张英写信劝慰家人的事，为此深感惭愧，也取消了扩充院子的打算，还将院墙退后了三尺。

就这样，一条六尺宽的小巷出现在了两家院子之间，被人称为“六尺巷”。而这个故事也像这条巷子一样流传下来，为后人传颂。

蛮横无礼，或是和人争论不休非常容易，然而有几人能够像张英一样如此呢？区区三尺之地，一定要争出一个结果，无论是哪一种结果，都会损害到其中一方的利益。为了保护自己的利益，于是人们计较到底。但是，即使如愿争抢到了三尺之地，也无法获得心理上的满足。这件事情或许就会如鲠在喉，难以安心，时刻想起来都会让自己感到气愤。张英正是因为意识到了这一点，于是选择了不去计较。因为他和他的家人做到了心中释然，放下了争夺之心，所以留得美名为后人称颂。

世事皆是如此，只要放宽心不去计较，那么烦恼也就失去了寄宿的凭仗。不计较眼前小节，才能心无旁骛地前进，早晚有一天会拥有想要的一切。

有一个大家都熟知的故事，就是廉颇和蔺相如的故事。廉颇是将军，身为武官，他很不齿于蔺相如这样凭借口才升职的文官。

蔺相如知道廉颇对自己有意见，于是尽量避免和他相见，对于他的挑衅也是避让三分。

对此一开始廉颇颇为得意，觉得蔺相如胆小如鼠。蔺相如身边的人看不过去，于是问蔺相如为什么不给廉颇一点颜色看看。可蔺相如回答说："我连秦王都无所畏惧，又怎么会怕廉颇呢？只是现在秦国之所以对我赵国有所忌惮，正是因为我们二人对赵王的辅佐，如果此时我们两个人互相争斗，那么就必定会给秦国可乘之机。"通过这番话，大家都明白了他不是畏惧廉颇，而是顾全了大局，所以选择不去计较。

事情传到了廉颇耳中，廉颇顿时为自己的行为感到惭愧，于是背负荆棘到蔺相如面前请罪，由此两人尽释前嫌。这也就是"负荆请罪"的典故。

豁达之人必定有着宽广的胸怀，斤斤计较、针锋相对必然会引起一番争夺。正因为选择了放宽心不去计较，所以在收获大家尊重的同时，蔺相如也获得了廉颇的敬重。

树立远大的志向，就不能缺少宽广的胸怀。也就是说，将心放宽将无所不达，不去计较一些小的利害得失，才能成就一番大的事业。

有远见的人不为一时所困

人的一生当中难免会出现困境，面对困境，人们所表现出的反应也截然不同。对于高瞻远瞩的人来说，一时的困境一定不会成为他们前进的障碍，他们放眼所见，是自己光明的未来。而一些没有远见的人则会被困于当前，无法逃脱。

眼之所至，心之所向。一个人的行为取决于心中所想，有了明确的方向和目标才能够前行。如果看的只是眼前，那么顾及的也就只能是眼前。只有看得更远，才能更好地决定当下，才能帮助自己脱离困境。但是，为了能够看得更深远，我们还需要放宽自己的心，释然自己的烦恼，才能到达自己最终的目的地。

在一定的环境中人难免有时会身不由己，这种时候如果放弃初心使命，那么就只能一直在困境当中挣扎。但是，如果能够展望未来的话，那么就一定能克服眼前的困境，直达成功的彼岸。

越王勾践卧薪尝胆的故事无人不晓，为了达到自己的目标，他卧薪尝胆，时刻不忘所受之辱，也恰是他曾经经历的困境。

勾践曾被吴王夫差打败，被迫屈膝投降，对于一位君王来说，这是奇耻大辱。更为过分的是，吴王没有杀掉勾践，而是将他带回吴国作为臣子服侍自己。

曾经身为君王，现在却要屈膝侍奉于敌国君主，如此侮辱怎能承受？然而勾践承受住了。这并不是说他已经被被俘之辱击垮，而是他没有在眼前的困境中颓废，他放眼的是自己的未来。

勾践不认为自己要以俘虏的身份一直终老。他觉得这样的困境只是暂时的，现在反抗并不能起到什么作用，因为此时他身在吴国，身边没有任何亲信，是完全没有能力推翻吴王的，若要想报被辱之仇，唯有忍耐。为此，他不惜为吴王尝粪辨别病因以获取信任。

他想着自己的明天，计划着自己的将来，等待着时机。他的希望就是他唯一的动力。终于，吴王卸下防备，相信了他，并且在不久后赦免他回国。他没有白白承受这些侮辱，在获得这个机会之后，卧薪尝胆，励精图治，最后终于将吴王打败。

因为勾践没有对自己所处之境绝望，他思考了对

策，做了长远的打算，也正是因为这样，他最终脱离了困境。身在异国他乡，想要成事就必定要站稳脚跟，做长远的打算，才不会在困境中挣扎太久。有些时候，人们往往难以接受眼前的困境，总想快速摆脱，反而使得困境一直持续存在。其实，看得长远一些，才会更快摆脱困境。

汉高祖之子汉惠帝去世于公元前188年。在他去世之后，为保朝廷安稳，其母吕雉掌权执政，并且被尊为皇太后。她是个非常有谋略的女子，曾经助汉高祖杀韩信，消除异姓王，巩固西汉政权。在她执政之后，曾一度希望扩展母家吕氏权势。为了扩张权势，她准备立吕姓王，为此她征求了当时身为右丞相的王陵的意见。

但是，王陵对此表示不赞同，他认为汉高祖曾立下白马之盟，说过“非刘氏而王，天下共击之”。如今吕后的打算无疑背弃了当时的约定，于是坚决反对。与王陵相反，身为左丞相的陈平以及绛侯、周勃二人没有对吕后的打算表现不满，二人还对吕后说这是合情合理的。对此，王陵更为气愤，认为他们二人阿谀奉承，违背了当初的盟约。可他们二人觉得这只是为了缓解一时，也唯有如此才能保全江山社稷。吕后并非一位软弱而无谋的女人，她最终废掉了王陵，并任命陈平为右丞相。

到了公元前180年，吕后去世了。曾经获得吕后信任并且大权在握的陈平、周勃两个人联手铲除了朝堂之中吕氏家族的势力，稳定了朝堂，集中了朝廷权力。同时还辅佐了汉高祖的第四个儿子刘恒登上了皇位，终于收回了刘氏江山。

忍得一时，才能得到一世。道理简单，做起来难，其实只要学会放宽自己的心，多想想以后，就能顺利忍过眼前的困境。只有懂得看向未来的人才能看到希望，尤其当眼前一片晦暗之时，更要看得远一些。

放宽自己的心，看得远一些，才能坦然接受眼前的困境，不会被一时的困境绊住手脚。

—— 第2章 ——

心宽者有度量，能包容

宽恕自己，原谅他人

人与人有所不同，有的人容易宽恕自己，却难以原谅他人；也有的人能够原谅他人的过失，但是却难以接受自己的不完美，这就是人们口中常说的“眼里容不得沙子”。其实过分苛求自己也是一种强迫，更是为难自己。有过度洁癖的人总会去注意一些其他人不在意的细节是不是足够完美，这样做并不能让自己过得轻松，从某些方面来说是对自己的一种为难。

在非洲的大草原中，生存着一种体积很小的蝙蝠名为吸血蝙蝠，正如其名，它们以血为食。对于同样生存在非洲草原上的野马来说，这种蝙蝠是比狮子、老虎更为可怕的存在。因为它们会在野马不注意之时吸附在野马腿上，用尖锐的牙齿获取血液，很多野马都由此葬送了性命。

事实上，这种蝙蝠由于体积非常小，它们的食量也非常小，并不足以对野马造成致命的影响，那么野马为何会在这种情况下死去呢？原来，每逢野马感受到这种蝙蝠落到身上之后，就会开始蹦跳、狂奔，以此来驱赶身上的吸血蝙蝠。

但事实是，它们在野马的身上用餐非常安然，并不会因为野马的剧烈运动而离开。如此一来，野马最后的挣扎也没用了，它强有力的腿也不能像反抗狮子、老虎那样蹬踹这些小生物。最后，大部分的野马都死于愤怒，因为无法容忍蝙蝠吸食自己的血液，虽然那点血对于它的生命并不会造成什么威胁。

除了非洲草原上的野马和蝙蝠之外，还有一组非常有趣的动物，就是鳄鱼以及牙签鸟。牙签鸟这种鸟甚至比很多鸟类的体型还要娇小。但是，就是这种小生物，却是鳄鱼最忠实的朋友。

对于大多数动物来说，鳄鱼是一种非常恐怖的存在，但是为什么牙签鸟却能与之成为朋友呢？原来，牙签鸟以鳄鱼齿缝中的食物残渣为食，它的名字因此而来。每当牙签鸟发现鳄鱼的时候，都会主动飞过去，鳄鱼也会乖乖张开大嘴让它进入。它们两者是一种共生的关系，虽然鳄鱼以小动物为食，但是却不会去伤害牙签鸟。让一个活着的异物停留在嘴里并不是什么舒服的事情，但是鳄鱼就能容忍，因为牙签鸟在某种程度上被它们当成了自己的“专职牙医”。

让野马死亡的不是小小的蝙蝠，而是它自己，因

为无法容忍一点点损失，所以最终只能绝望死去。鳄鱼和牙签鸟之所以能够相处融洽，是因为鳄鱼能够接纳小小的牙签鸟，不去计较、不去在意。

有一对金婚夫妇接受采访，白发苍苍的女人说，她在刚结婚的时候就列出了丈夫的10个缺点，后来每逢遇到这些缺点，她就会无条件地原谅丈夫。当主持人问及这10个缺点是什么的时候，真相让大家大吃一惊。原来，这位老妇人根本没有具体列出这10点，而是每当丈夫在生活中表现出各种缺点时，她都说服自己，这个缺点在10条之内，也就是这样，靠着相互的包容，他们风雨同舟度过了大半辈子。

人无完人，人都会犯错，只要无伤大雅，不如试着去容忍，这样也是对自己心灵的释然。如果太过于在意一粒细沙，那么以后的一粒粒沙就会在自己的心中久经岁月，最后变成一片荒芜。不去在意眼中的沙子，其实并没有想象中那么困难，只要放宽自己的心就好。

从前有一个脾气非常不好的小男孩，他总是在意生活里的一切细节。今天有一小撮头发翘了起来，牙杯离固定的位置差了一点，同桌的书本翻起了一个角……这些都会让他感到非常不愉快，也不能容忍，所以他成为了同学眼中的怪胎。因为同学们对细节的不在意令他感到非常气愤，也因为这样，他总是难以开心起来。

为了解决这个问题，小男孩的父亲想到了一个方法。父亲在院子当中钉了一个木桩，告诉小男孩，每当你遇到不能容忍的事情的时候，就狠狠地将钉子钉进木桩当中，这样就能够感受到快乐。

小男孩按照爸爸的话去做了，每逢遇到他难以容忍的事情的时候，他都会拼命地向木桩中钉钉子。有时甚至一天就将钉子用完了，用完钉子之后他就去找父亲要，而他的爸爸也提供给他所需要的钉子。虽然刚开始他非常喜欢这样的发泄方式，但是渐渐地，他感到腻烦了，有时一天都不去钉一个钉子。于是他父亲又建议他每逢遇到难以容忍的事情，就拔下一颗钉子。在实施的过程当中，他感觉到了困难，将钉子拔出来比钉进去要困难得多。当有一天小男孩终于成功地将所有钉子拔出之后，他发现他再也不需要钉钉子了。

这个时候，小男孩的爸爸才开始对他进行教育，他将小男孩带到木桩前，问小男孩的感想。小男孩说："一开始觉得这个办法非常有效，但因为钉子钉得太多了，所以到最后感觉很无聊，有时就会刻意去忽略一些事情来避免钉钉子。"他爸爸又问他："那么将钉子拔出来的感觉怎么样呢？"小男孩答："拔钉子比钉钉子难多了，不过我还是坚持了下来，在拔完所有钉子的时候，我感到很有成就感。”于是他爸爸再问他：“那么你觉得这个木桩怎么处理比较好呢？”小男孩想了半天，最终摇了摇头，他说：“这个木桩已经千疮百孔了，没有任何用途，只能扔掉。”

这位父亲慈爱地抚摸着孩子的头，他认真地告诉儿子，这个木桩就如人心，放进一根钉子容易，但是拔下来难，即使钉子消失了，创口也是存在的。

现实就是如此，因为他人的一些行为让自己感觉不快，就如同将钉子钉进自己的心中，那么自己肯定无法快乐起来。一粒沙子对于我们来说无比渺小，无须过于在意，但是让我们时刻注意一粒沙子，无疑是一种困难，毕竟沙子如此渺小，只能集中精力才能看到。既然如此耗费心神，又为何一定要去在意呢？更何况对我们没有任何好处，所以不妨将心放宽，不要去过分注意一粒细沙，不要让心变得千疮百孔，不要到后知后觉时才去后悔。

心宽孕育伟大，吃得了亏就能装下天下

有一个广为人知的词，叫“吃亏是福”。也许很多人都难以理解这个词的深意，既然已经吃亏了，又怎能说是福气呢？其实，人生在世，吃亏在所难免。如果只是计较自己是否吃了亏，那么就只能停留在当前，只顾得思考这些。一个人对于吃亏的看法往往能够反映出一个人的素养，有仇必报，不能容忍自己受一点委屈的人一定难成大事。

就像是被蚊虫叮咬一下，如果连这些都要在意，那么只能一直不快乐，也难以注意到其他。做大事的人不会去在意一只蚊虫的叮咬。很多时候，通过吃亏

往往能够让人们悟到一些以前没能明白的道理，通过吃亏，更能够测算一个人内心的容量。

南非前总统曼德拉，因为黑人血统而被白人统治者关在大西洋上的一个荒凉的小岛上长达 27 年。被关在那里的时候他的年龄就已经很大了，但是他并未因为年事已高而受到任何优待，反而受到更为残酷的待遇。

岛上的环境非常恶劣，在那里他每天都会被强迫参加劳动，到采石场打石头，将大块的石头打成石料。即使是非常冷的天气，也会被迫到冰冷的大海之中打捞海带。在那里他几乎是没日没夜地工作，没有任何的休息日。除了繁重的体力工作以外，他还得一直戴着镣铐。当时因为他被视作重犯，所以他有三名专属的看守。不仅仅是这些，这三名看守也总是找机会虐待他。曼德拉就这样度过了 27 年。

后来他出狱并成为了南非的总统，也已经有了足够的能力回击那些折磨他的看守。然而，让人没有想到的是，在他的总统就任仪式上，他邀请了国际政要，而那三名看守竟然也被请到了现场。本以为他会给这些人难堪，结果在他致辞的时候，他邀请他们起身，并向他们致谢。

这一刻，曼德拉的行为感动了全场。曼德拉说，他曾经脾气暴躁，但是这些年的监狱生活，让他学会了如何应对痛苦和磨难，而这三位狱警，正是磨炼了他的人。最终，他通过宽容和豁达的心境走到了现在。

曼德拉以实际行动表现出了自己的豁达，正因为他有着如此的度量，所以才成为了南非的总统。在那些日子里，他学会了吃亏，学会了应对挫折和困境。其实是否吃亏的定论在于自己，只要将心的界限放宽一些，不去计较那些吃过的亏，吃亏也是一件好事。

伟人之所以能够成为伟人，正是因为吃得了亏，所以能够装下天下。如果连一点亏都不能接受，那么如何去应对天下大事呢？只要能够看开一些，将自己的胸怀变得宽广一些，就能够吃得下亏。

一个宽容的人往往能够包容一切，这样的人有着伟人的胸怀，所以说，伟大也需要心宽作为前提条件，心宽才能孕育出容纳天下的伟大，也唯有能够吃亏，才能将天下收入心中。如果连吃亏的心胸都没有，那怎么可能装得下天下。

一颗博爱的心，让人生闪闪发光

心系天下的人都有着一颗博爱的心，也正是因为这样，他们的人生闪闪发光。其实，当心胸宽广到一定程度的时候，自然就会装下天下的人和事，自然也就会有一颗博爱的心。

先天下之忧而忧，后天下之乐而乐。很多伟人都秉承了这个信条，因为有着一颗博爱的心，有着宽广的胸怀，他们的人生也与众不同，这样的例子在古今中外都有体现。正因为他们有着一颗博爱的心，所以他们的思想才达到了常人所不能及的高度。

伟大的爱国诗人屈原，他就有着一颗博爱的心，心系天下苍生。

屈原是楚国人，曾得楚怀王信任，担任左徒、三闾大夫的职位，并且时常和楚怀王一起商讨治国方政。由于他有着宽广的胸怀，从未从自身的角度考虑问题，而是切实地考虑苍生社稷。他所参与制定的法律也非常奏效，他不从属于任何的政治利益集团，而是从天下大事的角度考虑。正是因为他的努力，当时楚国的国力得到了一定程度的增强。

屈原忧虑天下苍生，但却因此得罪了权贵。因为他从不肯和王公贵胄同流合污，所以常被奸臣排挤诬陷。后来楚怀王听了收受贿赂的宠妃及佞臣的谗言，渐渐疏远了他。空有理想抱负以及博爱之心，却无处可以施展，尽管屈原尽全力为苍生谋福，但还是被楚怀王驱逐流放。

在楚襄王即位之后，屈原继续遭受迫害，还被放逐到了江南。即使如此，他仍然没有放弃自己的博爱之心，希望能够重新为天下效力。但是因为秦国最终攻破了楚国国都，他的理想抱负破灭了。纵然眷恋天下苍生，他也深知已经无力回天，最终选择了以死明志，在汨罗江投江自杀。

虽然屈原的政治路途没能顺意，但是他的爱国情怀以及博爱之心，却受到了无数人民的敬仰。端午节便是人们为纪念他、怀念他的节日。

心怀天下苍生。正是因为他的这份博爱，所以赢得了百姓的爱戴。虽然他的政治抱负最终没能实现，但是不能否认的是，他的人生十分有意义。

虚怀若谷，心系天下，正是这位伟大爱国诗人的真实写照。如果他毫无政治抱负，只为自己，心中想到的也仅是自己的得失，那么他有可能会一时非常得势，但处在那样的社会环境之下，他就算尽自己所能，最终也仍然难逃亡国的厄运。国破家何在？那些曾经在朝中风云一时的宠臣奸佞，最终也难逃一死。虽然屈原去了，但是他却为后人所赞颂。趋炎附势并非难事，难的是能够将天下苍生放到心中，自爱并非难事，难的是爱天下苍生。

伟人并非生来就有博爱的胸怀，并非生下来就是伟人。之所以后来能够成为伟人，是因为思想达到了一个常人难以企及的高度，之所以境界不同，是因为心胸的容量不同，是因为心中装下了苍生。

只爱一个人并不困难，但是如果能将博爱放入心里，那就是伟人的胸怀。将自己的心放宽，试着多去爱周围的一切，那么早晚就会培养成一颗博爱的心。

心胸狭隘之人是不会去热爱一切的，厌世的人是不会觉得生活美好的。自己断绝了希望，就不会发现生活中的美。虽然现实当中也许存在很多无奈，但是如果能够放宽自己的心，试着去爱周围的一切，那么当拥有一颗博爱的心之时，必定会有一个闪闪发亮的人生在不远处迎接你。

—— 第3章 ——

心宽者有涵养，能自持

心宽者遇不公，不愠不恼

生活中难免会有各种不公出现，有时人们忍不住“路见不平一声吼”，尤其在自己遇到不公之时。而做到不愠不恼可以说是忍耐的升华，当遇到不公的待遇之时，如果能够做到不愠不恼，那么从思想层面上可以说已经上升了一个境界。

儒家代表孔子，一直被人们尊称为圣人，人们广为传颂他的著作，他的儒家思想也植根于中华民族的历史文化之中。然而就是这样一位圣人，也曾经遭遇过不公，也曾经受到过各种误解，受尽了磨难。

虽然现在儒家思想为人们所接受，但是在当时，他的思想并不为人所理解，他宣扬“仁治”和“礼制”思想，得不到基本的尊重。当时的社会非常注重礼节，但是他的邻居却不客气地直呼孔子的小名。不仅邻居不尊重他，就连他周游列国的时候，也遇到了很多不平事。

当他游历到郑国时，郑国人称他是“累累若丧家之犬”。虽然孔子没有做过什么坏事，但是却遭到这样不公的对待，甚至是辱骂。他问路时会被农夫嘲笑，就连小孩子都敢讥笑他。虽然他有着深刻的思想，却不被世人认同，甚至被看做是痴傻之人。

遭世人的误解也就罢了，在他周游到卫国的时候，去见了身为国君夫人并且掌权的南子，因为南子名声不佳，所以孔子的这一行为引起了弟子子路对他人品的质疑。这样的误解完全是无中生有，但是孔子却丝毫不生气，更没有任何抱怨，他全都坦然接受。也正因为他的这种宽广胸怀，所以最终成为了圣人。

在遇到不平之事时，人们通常都难以像孔子一样坦然，能做到不愠不恼，以自己宽广的胸怀去包容一切，反而容易恼羞成怒。

其实，生活中的不公取决于自己以何种视角看待，自己认为不公平，那么就是不公平，自己不认为有什么不公平，自然也就没有了恼怒的缘由。

犹太裔著名心理学家弗兰克曾经在二战期间受尽了非人的折磨和虐待。他被关在纳粹集中营里，除了身体上的折磨外，他的精神也经受着异常严峻的考验。

他的父母、兄弟以及妻子都已经丧生于纳粹手中，他的亲人只剩下了唯一的妹妹。除此之外，他还要时刻面临着死亡的威胁。命运对他显得有些太不公平，他没有做错任何事情，只是因为他是犹太裔，就要受到如此对待，可这些不是他自己能够决定的。他的精神和生命都处于崩溃的临界点，他愤怒，他仇恨，但事实根本无从改变。

终于有一天，他在囚室独处之时，悟出了一个道理：环境无可改变，但是他的意识仍然是自己的，是受自己控制的，没人能够改变，也没人能够干涉。于是在领悟到这点之后，他开始直面自己所受的一切不公，他不怒不恼，以这种心态渡过了最艰难的日子，也激励了自己身边的狱友。

就像是弗兰克的例子一样，没有人能够控制他的思想，他的意识是自由超脱的。身体能够受到折磨，但是灵魂能够保持自由。人们如果能够保持灵魂的独立，那么在遇到困境的时候才能够坚持下去，也才能够期待明天，笑对人生。

在陷入困境的时候，通常人们难以一时扭转困境，再抱怨，再痛恨，也都无从改变。我们能够做的就是以自己宽广的胸怀去面对不公，然后平静地接受这些，用自己自由的灵魂去企盼天明，不愠不恼。

很多时候，愤怒改变不了自己所受的不公。诅咒和怨恨并不能改变任何现状，只能束缚住自己的灵魂，让自己沉陷于不幸之中。所以将心放宽，坦然面对，学会在遭遇不平之时保持不愠不恼的态度才是正确的方法。

君子慎其独也，自持者必自修

一个有修养的人，一定是一个君子，所谓君子，就是能够谨慎、能够自持的人。有着高尚品格的同时，还有着自持能力的人才能称得上是君子。自持，对于一个人来说非常重要，自持者必自修，也就意味着能够自持的人必须要增强自我的修养。

自我修养对于一个人非常重要，但这不单单是能够通过学习就可以获得的。修养的提高离不开心胸的宽广，一个心胸狭隘之人难以有较高的修养。一个人的自我修养通过和人相处才能够充分体现出来，但是良好的修养即使在独处之时也是要注重保持的，是谓君子慎独。

一个年轻人拎着鲜花和水果赶路。这时，另一个年轻人突然迎面跑来，两个人没来得及反应就撞在了一起，一篮子水果全部掉在地上。

看着水果被打翻，年轻人气愤不已，大声呵斥对方:“你打翻了我的东西，今天无论如何你也要给我个交代！”对方对他的嚣张态度非常不满，回嘴道:“既然已经发生了，我道歉就是了，你这么凶做什么?”两人你一言我一语，越说越气愤，最后变成了彼此咒骂。

此时一位老者走了过来，看到两人吵得如此凶便将他们叫到一边，仔细了解事情的经过。在知道了事情的原委之后，这位老者说:“首先走路不该莽撞，但是对于他人的道歉要接受，不能接受他人的道歉也是愚蠢的。有修养的人在有错时敢于承认，同时也会接受他人的道歉，原谅他人，唯有如此，才能称得上是聪明人。”

接着老者又说:“人活在世上，有着非常多需要协调的方面，无论是人与人之间的关系，还是自己的精神和健康，都需要协调。你们吵了架，我来协调，但是很多时候我们要学会自我协调、自我把持，这样才能提高自我修养。仅仅是一件小事，如果为了这个小事就破坏了自己虔诚的心境，何苦呢?”

两名年轻人听后都觉得有道理，互相诚恳道歉。

在出现问题需要协调的时候，人们容易依赖于他人，而不是靠自身的调节。本来不是什么大事，但是两人都从对方身上找问题，不去思考自身。老者说得没错，现实生活中需要协调的事情有很多，人们首先要做的就是进行自我调节，也就是自持。做到这一点才能谈得上自我修养。一个遇到一点问题就从他人身上找原因、抓住不放的人，不会是真正的君子。宽广的胸怀是必要的，只有心胸宽广，才能看到自身问题，提高自身修养。

君子慎独，心宽并非意味着什么都不去计较、不去想。我们能够做到不去在意他人的缺点，但是不能要求他人也要以异常宽广的胸怀来面对自己。所以自我修养的提高离不开自持自省，只有谨慎行事才能成为君子。

在一片山林之中，有着一段被称为“鬼谷”的路，这段路之所以叫鬼谷，是因为这里的地势十分险要，一不小心就会葬身于万丈深渊，当地居民在通过这段路的时候，都会在身上背负一定重量的东西。

有名游客第一次来这里，对于这个现象他十分不解，便问当地的姑娘：“这里本来就非常危险，为什么还要负重，这不是更加难以通过、更加危险吗？”

姑娘回答说：“在这里发生过的坠谷事件的人都是一些掉以轻心的游客，因为没有注意到危险的存在，所以才会大意失足。在这里，本地人从来没有发生过危险，因为意识到危险，所以精神才会异常集中。”

听了姑娘的话，游客想想也觉得十分有道理，于是将姑娘递过的两条木头扛在肩上，异常小心地通过这段危险的路，安全地到达了另一边。

心宽，并不代表心中无事，如果总是大意，很可能会有危险出现。所以君子慎独，即使是自己独处的时候，也需要谨慎小心，唯有懂得自我修养的提升，才能做到自持。

并非每人都有着自持的能力，唯有能够控制把持自己的人，才是人生的赢家。过于注意眼前的美景，没有注意到危险的存在，没有自我把持的能力，不够谨慎，终会失足堕入深渊。人的一生中会经历很多，唯有谨慎，才能通过眼前的路。故事中如果没有姑娘的提示，那么游客一定不会想到要负重通过，因为他只注意了路的险要，而没有充分考虑到危险之下隐藏的更大的威胁。

如果不够谨慎，那么在生活中很多时候都有可能堕入深渊。心宽待人，君子慎独，只有从自己入手，放宽心的同时也要注意自持，才能提高自我修养和素质。

去浮戒躁，一张一弛涵养高

随着城市化的日益扩大，城市人口密集，相对地，人们生活所面临的压力也就越来越大。无论是上下班路上拥挤的地铁、公交，还是工作中日益激烈的竞争，甚至是上有老下有小的生活压力，等等，可以说是无处不在。人们似乎也日益变得浮躁起来，十分容易愤怒。

周围的环境难以改变，但是自己的心境却可以由自己控制。只有能够消灭掉心中的浮躁，才能做到张弛有度，体现出自己的涵养。

涵养高的人通常都能够调整自己的心态，张弛有度自然能够去浮戒躁。如果不能控制调节自己的浮躁情绪，那么就会让自己的涵养变得低下。

有一位叫米莉的女孩，她的长相非常出众。村里年轻的小伙子都非常迷恋这个既漂亮又优雅的女孩子。她对自己的美丽感到非常骄傲，每天经过河边时，她都会不自觉地去看河中自己的倒影。

有一天，当米莉看向河中的时候，突然发现自己水中的倒影没有脸。惶恐之下的她失去了冷静，于是在村子中到处寻找自己的脸。逢人她便冲过去问:“你看到我的脸了吗？我的脸不见了，是不是你拿走了？将我的脸还给我好吗？”

大家对女孩的这种行为感到很奇怪，随着时间的流逝，大家都开始害怕她。她的朋友也开始躲着她，那些曾经被她的美丽优雅迷住的小伙子也都躲得远远的，因为她已经不是他们喜欢的女孩了，而是一个疯子。

一天，一个智者经过这个村子，这个女孩又连忙跑过去向智者讨要自己的脸，智者没有吓得跑开，而是一巴掌扇到了女孩的脸上。女孩当即就生气了，捂着自己的脸质问为什么要打自己。

这时智者说：“你怎么说我打你了呢？我打你哪里了？”

女孩愤然说：“你打了呀，你打了我的脸！”

这个时候智者一笑，说：“我打了你的脸吗？你不是正在寻找吗？你不是说你的脸不见了吗？”此时女孩才恍然大悟，发现自己在慌不择路去寻找一直都在的东西的过程中，很多东西已经失去。

这个女孩是美丽的，她的美丽不仅仅是外表上的，就如那些小伙子所追逐的一样，她也是一个优雅有涵养的女孩。但是因为失去了冷静，所以最终失去了她引以为傲的涵养，变成了一个人们眼中的疯子。

有的时候，人们因为一时的情绪激动而变得焦躁，很容易造成误会，甚至让自己保持了多年的涵养都荡然无存。因为一点小事就浮躁起来，失去自己的涵养，非常不值得。只有放宽自己的心，去浮戒躁，才能一张一弛地保持住自己的涵养。

如果不注意自己的涵养，没有去掉心中的焦躁，那么就会成为别人眼中的笑柄。

在一辆公交车上，一个女人不小心踩了一个男人的脚。女人穿着高跟鞋，踩得男人很疼，女人刚想道歉，可看到男人那咧嘴要骂的样子，便瞬间生气了，她先出口不逊起来："你一个大男人，不就踩了你一脚吗？你至于吗？就这点事，本想着道歉，看你这龇牙咧嘴的，就觉得没有必要了。"

男人因为疼本能地咧了一下嘴，本打算在女人道歉后说句没事，结果女人先不讲理了。他本来就在赶时间上班，结果这个女人先挑起事端，他也生气了，便吵了起来。车上的人劝架两个人都不听，于是越吵越凶，到了女人下车的时候，她把男人也给扯了下来，最终吵架演变成了动手。路上的人都看着热闹，一男一女两个衣着光鲜的人在街上撕扯。

后来，警察来了，两个人才协商解决问题。女人最后狼狈地去上班，男人也因为一时的脾气发作因上班时迟到受罚。

本来不过是一件小事，只是因为没有控制心中的浮躁，于是就把事情推向了不可解决的方向。本来都是有素质的人，却因为没能注意张弛，使得自己的形象受到了影响。女人成为了他人眼中的泼妇，男人也成了心胸狭窄的低素质人。其实浮躁不是难以消除的，并没有想象中那么难。只要将自己的心放宽，自然在喧嚣之中也能获得一方清净。

现代社会到处充斥着喧嚣，这些外在环境我们无法改变，但是不能因为这样就降低了自身的格调。要保持涵养，并没有想象之中那么困难，只要做到放宽自己的心，自然就能让自己的心平和下来，让自己的精神和思想远离喧嚣，找到一方净土，去浮戒躁，做到张弛有度，提高自己的涵养。

—— 第 4 章 ——

心宽者有锋芒，能内敛

不张扬，方能藏住锋芒

虽说要扬长避短，但是也不能太过于锋芒毕露。有能力的人要懂得韬光养晦，守得住锋芒才是明智之举。

虽说有实力要给予充分发挥才是正确的做法，但是也不能不注意实力的隐藏。有些人对于自己的锋芒总是不懂收敛，正所谓枪打出头鸟，一定要正确地隐藏自己的实力，在能够发挥的时候充分发挥。自视过高的人往往难以收敛自己的锋芒，最后成为他人的眼

中钉。通常来说，那些难以掩藏自己锋芒的人都容易骄傲自满，过度自信就是自负，最终导致了自己遭遇人生的滑铁卢。

诸葛恪是诸葛亮的侄子，是东吴大将军诸葛瑾的长子。诸葛恪还很小的时候就受到孙权的赏识，因为他非常聪明，所以被称为神童，刚刚年满二十就拜骑都尉，到了孙亮为太子的时候，他已经成为了左辅都尉，是东宫幕僚的领袖。后来，诸葛恪的官越做越大，一直做到了大将军，并且还是太子孙亮的老师。

在孙权死后，孙亮即位，作为太子老师的诸葛恪权力更大了。当然，任何一个掌权的人都不可能没有反对者，孙权临死时任命的另一位托孤大臣孙弘就是诸葛恪的死对头。但是掌权之后的诸葛恪收买民心、重整税法，用自己的智慧一步步扩大自己的影响力，孙弘想除掉他的阴谋始终没有得逞。与此同时，诸葛恪在战场上也取得了不少胜利。在合肥新城之战和东兴之战中，身为大将军的诸葛恪都是凯旋而归。

随着权力的稳固和百姓的崇拜，诸葛恪变得越来越自负，而这种盲目自信的心理使得他越来越狂妄自大，不把其他人放在眼里。在东兴之战刚刚结束的时候，诸葛恪不听其他人的劝谏，坚持要趁势攻打魏国，结果造成了骚乱，失了民心。因为过度自负，他相信了敌人的话，使得战役失败，这次失败将他的气焰彻底打压下去。

诸葛恪威信的降低使得当年那些曾经被他打压下去的反对者们一次看到了扳倒他的希望，可诸葛恪本人却依然沉浸在自我的崇拜中，目空一切。最终，吴国宗室孙俊发动政变杀掉了盲目自信、锋芒毕露的诸葛恪，这位风光一时的吴国大将军最终落得个身首异处的悲惨下场。

诸葛恪的能力被当时的人们认可，并且得到了君主的赏识。但是他自视过高，不懂得收敛，这也就是后来他遭遇失败后失去民心的原因。

自古以来，很多有识之士不能善终是因为功高震主。这个时候即使曾经是过命的交情，也会成为君主野心下的牺牲品。聪明的人如果不能够隐藏自己的锋芒，就会让君主感觉到威胁的存在，自然君主为保其位而铲除威胁就成为了唯一的选择。

越王勾践是一代明君，他曾经不惜卧薪尝胆以灭吴国。这样的君主自是能够为之效力的。勾践之所以能够成功，除了他个人的能力以及付出的努力以外，和范蠡、文仲的辅佐也是密不可分的。在勾践处于人生低谷时，文仲和范蠡给了他莫大的支持。

范、文二人都是有识之士，但性格却不相同。吴国被灭之后，他们自然成为了功臣，于是勾践为他二人封赏，想要范蠡做上将军，文仲做丞相。这本是苦尽甘来的好事，但是范蠡没有接受封赏，而是向勾践辞了官，远走他乡。虽然勾践再三挽留，但是他去意已决。在他离开之前，他还劝文仲和自己一起离开。

范蠡说，虽然他们二人立国有功，但是勾践能与人同患难，但是难以共富贵，因为勾践心胸狭窄。他还记得，在他们灭掉吴国之时，吴王夫差曾经打算投降，但是勾践说:“昔天以越予吴，而吴不受命；今天以吴予越，越可以无听天之命而听君之令乎？吾请达王甬句东，吾与君为二君乎！吾将残汝社稷，灭汝宗庙。”

当时夫差就曾经说过:“飞鸟尽，良弓藏，狡兔死，走狗烹。”范蠡将其记在心上，所以劝文仲和自己一起离开，但是文仲过于自信，坚持不走。范蠡无奈，只得离去。文仲刚做丞相不久，就因功高震主被勾践赐死了。虽然悔不当初，但为时已晚。

文仲虽然一心为国，但是因为不懂得隐藏自己的锋芒，功高盖主，最终落得自裁的下场。在现代社会当中，当然不会有性命之忧，但是道理是相通的。无论是在什么处境，都需要韬光养晦、隐藏锋芒。

聪明人锋芒毕露，智者懂得隐藏自己的锋芒。其实不张扬没有那么困难，只要放宽自己的心，将名利都看得淡一些，就能够守得住自己的锋芒，做一个聪明人。

低调源自于你的冷静

做人低调一些，生活也就能够恬淡一些。人们无法控制他人对自己的关注，却能够决定自己的行事作风，只要自己能够保持低调的作风，那么平静的生活就不会被打破。

人们所敬仰的居里夫人和她的先生在化学界做出了卓越的贡献，因此他们也被人们广为传颂。即便是这样，在日常生活中他们仍然保持着低调的作风，过着深居简出的生活。比起四处应酬，他们更愿意将大部分的时间和精力投入到事业当中。居里夫妇声名显赫，但是从未张扬，除了必要的场合之外，连聚会都极少参加。

有一次，一位记者准备采访居里夫人。她听说居里夫妇生活在一个小城中，于是就到那里去寻找。到了居里夫妇所在的小城之后，这位记者在街道边看到了一所简陋的房子，门口坐着一位打扮随意的农妇。她上前询问居里夫妇住在哪里，听到询问的农妇抬起头，这时记者才发现，这名穿着简朴随意的农妇就是居里夫人。她马上为自己的失礼道歉，但是居里夫人只是报之一笑，没有丝毫不快，接着邀请她进屋了。

事实证明，居里夫人的低调是由内而外的，所以才能平易近人，成就了这一段佳话。低调，只是一种表象，隐藏在低调之下的，往往是一个人宽广的胸怀。如果只将低调挂在嘴边，心中仍然认为自己是特别的，并时常骄傲自满的话，那么行事难免会变得张扬，难遮锋芒。

锋芒毕露未必是件好事，而不懂隐藏自己实力的做法更不能说是一种智慧，相比之下，低调的处理方式就明智多了。有才能，但不一定非要显露出来，懂得韬光养晦才能为自己的成功打好坚实的基础，铺垫平坦的道路。

曹操与刘备都是非常有名的人物，是名震一方的霸主，都是德才兼备的英雄。刘备曾经在走投无路的时候投奔了曹操。

一山难容二虎，曹操知道，刘备也知道。但是曹操求贤若渴，所以在刘备投奔了自己之后希望刘备能够为自己效力，而刘备也选择配合，在曹操面前表明他自己没有野心、胸无大志，甚至开垦了一块田地，种起了菜。因为懂得收敛锋芒的道理，所以身在曹营的刘备暂时过上了安稳的日子。

有一次，曹操准备了一桌酒菜，也许是试探刘备是否真的没有野心，也许是怀柔政策，席间他问刘备：“玄德兄，你说当今世上谁是英雄？”刘备心中一惊，想到也许曹操开始怀疑自己，于是就打起了太极，不提及自己的雄心壮志。曹操见刘备绕圈子，又对刘备说：“当今世上，称得上英雄的唯有你我二人。”

曹操说完，刘备一惊，手中的筷子就掉到了地上。正在这个时候，雷声大作，刘备像什么都没有发生一般低头捡起了筷子。曹操问刘备怎么了，刘备说：“没什么，刚刚一个惊雷，吓到我了。”曹操闻言大笑，说刘备胆识不够。就这样，刘备掩饰了自己的雄心。

在酒宴之后，刘备仍然打理菜园，韬光养晦。因为他懂得低调的智慧，收敛锋芒，所以骗过了曹操，在敌营中为自己赢得一条生路。

低调到了极致就成了一种隐忍，成了保全自己的铠甲。要想保留实力，就需要学会收敛，锋芒毕露的人往往将自己的能力、计划暴露出来，曹操因为太过锋芒毕露，所以让刘备察觉到了自己的打算，给了他准备的时间和机会。想要自己能够走得顺一些，就要准备充足一些，唯有不被他人打乱步伐，不被环境所烦扰才能如愿。低调一些，便能留出一块安静思考的空间。

安静地走自己的路，过自己的生活，做自己的打算，保持一种冷静，宽容看待一切，自然成就了自己内敛的性格。名利面前，是非当中，要学会放宽自己的心，将这些看得淡一些，也就不难做到低调处世，低调做人。

虚荣会让你丧失理智

泰戈尔说:“生如夏花。”

假如人生本就是灿烂的，理应光彩绽放。可人们似乎常常不满足于此，总认为自己的人生太过平凡，于是难逃浮夸的表面，并竭尽全力去追求海市蜃楼式的繁华，去追求看得到摸不到的镜中花、水中月。殊不知，一切诱惑只不过源于我们的虚荣心。

其实，虚荣心所指向的东西通常并非我们真心需要，它就如梦中的繁花，绽放得越灿烂，凋零得也将越凄惨。一旦梦醒时分，你曾经的期望将化作乌有，只会留下诸多悔恨。

在莫泊桑的笔下，有一个因为虚荣而将自己推入深渊的人，她叫马蒂尔德。

故事中的马蒂尔德漂亮而优雅，只是没有优越的生活，因为她没能生在一个贵族家庭，也没能嫁给一个商贾贵胄。她的丈夫只是一个普通的小职员，微薄的收入也只能勉强度日，她没有多余的钱来经营她美丽的外表。她不喜欢同学聚会，因为那会让她感觉嫉妒，看到女同学嫁给了有钱的男人，穿金戴银，会让她难受不已。

每次吃饭马蒂尔德都会将自己窄小餐桌上的简单食物幻想成珍馐佳馔，想象着有服侍她用餐的仆人、婢女，有精美的壁画，有名贵的烛台……她陶醉在想象之中，然后疯狂忌妒着真正拥有这些的人，她同样美丽，却没能过上相应的生活，这让她心里十分不平衡。

马蒂尔德能够进入上层社会的机会终于来了，因为她丈夫的上司要举办一场舞会，而她的丈夫想办法拿到了一张请帖。为了这个舞会，她丈夫拿出了准备买猎枪的钱为她定制了一条新裙子，然而有了礼服的她并没有满足，为了和那些阔太太们媲美，她还想要一件像样的珠宝首饰，可是那样的开销他们承担不起。

最终，马蒂尔德决定向她有钱的朋友借一件珠宝首饰。在众多的珠宝中，她选择了一条精美的钻石项链，带着这条项链，她参加了她梦寐以求的舞会。舞会上的她成为了全场的焦点，她有着美丽的外表、甜美的笑容，男宾们争相和她跳舞，她在舞池中旋转，陶醉其中。

然而舞会结束，马蒂尔德还在回味的时候，意外发生了，她从朋友那里借来的钻石项链不见了，在找遍任何地方都无果的情况下，他们于是开始设法赔偿。通过四处借钱，终于买到了一条一模一样的项链。但是为了偿还债务，之后的十年他们都在辛苦工作。还清债务之后，马蒂尔德已经不再美丽，过度劳累甚至让她看起来比实际年龄更加苍老。当她再次向朋友提起那串让她不幸的项链的时候，才知道那串项链不过是个仿品。

马蒂尔德仅仅为了满足一时的虚荣，付出了半生的代价，如果让人们选择，相信没有人会愿意用自己有限的人生去换取没有意义的浮华。

其实，真正让人生闪光的不是表面的一切，而是自己一步步走过的旅程。假如有一笔钱能够随意支配，人们会怎样做呢？也许有人会买一件足以在他人面前炫耀的名牌，可是这件名牌丝毫不能改变原来的生活。每个人都有自己的生活，不会一直关注着别人。即使自己曾经因为穿戴名牌受到他人的关注，那也不过只是别人茶余饭后的闲谈。虚荣心只不过能够满足自己一时的炫耀心理，对自己的人生而言，没有任何意义，不仅如此，它还可能诱导我们走向毁灭。

我们要明确自己的人生因什么而精彩，不能被表面的浮华蒙蔽了双眼，如若不然，只会荒废掉自己的未来。

在一片山林中，有一群枯叶蝶，其中的一只枯叶蝶曾经见过其他品种的美丽蝴蝶标本，在看过之后，它就希望自己能够成为一只漂亮的蝴蝶，吸引众人的目光，让所有蝴蝶羡慕。它每天想，每天盼，一直祈祷着。终于有一天，善良的天使实现了它的愿望。它终于成为了美丽的蝴蝶，它的美丽无与伦比，长长的凤尾、鲜艳的色彩、美丽的图案……它的身影在一片荒凉的森林中，就如同仙子一般。

一天，这只蝴蝶落在了一截枯枝上面，它发现枯枝上面栖息着一只枯叶蝶，想到自己不再是枯叶蝶，它就炫耀式地在枯叶蝶身边盘旋。

枯叶蝶非常不解，于是问蝴蝶：“你为什么这么高兴呢？还要这么张扬地飞来飞去。”

蝴蝶回答说：“我当然开心了，因为现在整片森林中我最漂亮，你看看你们，就像是枯叶一般毫无光彩，只能栖息在枯枝上过活，真是可怜。”

枯叶蝶又说：“正是因为装扮成枯叶我们才能躲过天敌的眼睛，你这么鲜艳的颜色简直就是一种危险……”话还没说完，远处飞来了一只鸟，枯叶蝶马上安静地装成了枯叶，而美丽的蝴蝶则成为了鸟的盘中餐。

蝴蝶因为自己的爱慕虚荣，才招致了毁灭。虚荣是一把看不见的刀，对自己是一种潜在的威胁，只追逐梦中的繁花必定看不清现实。

人生的旅程很漫长，我们需要背负的有很多，同时也要抛弃掉一些。虚荣，就是我们人生中应该要舍弃的东西，它对于我们没有任何价值，只能成为我们前进的负累。

没有看不开的事，也没有接受不了的现实，要改变，就要从现实入手。客观地看待自己的虚荣心，我们就会发现，虚荣所描绘的美景只是梦里的繁花而已，过分虚荣，只会导致自己的梦想之花枯萎。不妨将表面的浮华看淡一些，抛弃无用的虚荣，向着明天努力，让自己的人生华丽绽放。

第二篇

豁达者，心平

心不平，则气不顺，气不顺就要发作出来，一旦发作出来，就不是能随便掌控的了。到了那时，伤了别人也害了自己。等到事后平心静气想来，又会埋怨自己，当时为什么要生气，以至于落得如此尴尬境地。其实，一切都只不过因为心胸不够宽，心气不够平。

—— 第 5 章 ——

心平者不生气，生气则乱

让迷失的心灵回家

有时候，人们难免会在消极情绪中迷失。因为一时的情绪很有可能影响到人们的思维和理性，最终沉溺其中难以自拔，心灵往往就在这些消极情绪中迷失。于是，我们伤心、愤怒，以至于找不到心灵的路标，感到疲惫不堪，无所适从。其实，一切皆因我们不能将心放宽。

有一条美丽的小鱼，在它很小的时候就被渔人捕到了。渔人看它长得很可爱，便当做生日礼物送给了邻居女孩。小女孩从此有了玩伴，她小心翼翼地把小鱼放在一个精致的鱼缸里养起来，整天与小鱼朝夕相处。然而，小鱼并不快乐，因为这个鱼缸太小，游来游去就会碰到鱼缸的内壁，这时小鱼就会十分不悦地甩一甩尾巴躲开了。

小鱼越长越大，也变得越来越漂亮，小女孩就更喜欢它，可是这个鱼缸对它来说就显得更小，甚至连转个身都很困难。小鱼就更加烦闷，甚至连动一下身子都不愿意。小女孩似乎看出小鱼的心事，有一天，将它从水里捞出来，放到了一个更大的水缸里。

小鱼终于能游动身体，可没过几天，它发现自己仍然游不了几下就能碰到内壁。当它碰到内壁的时候，又会心情不爽。它实在讨厌极了这种转圈圈的生活，索性悬浮在水中一动不动，也不进食，一心求死。

女孩看到小鱼这个样子心里非常着急，便把它放回了大海。它在海中不停地游着，可心中依然快乐不起来。一天，它游着游着碰到了另外一条鱼，那条鱼问它："你看起来闷闷不乐的样子，难道在这无边无际的大海里生活不够自由吗?"它叹了口气说:"唉!这个鱼缸太大了，我怎么也游不到边上了!"

就像在鱼缸里待久了的小鱼一样，它的心变得跟鱼缸一样小，因此不敢有所突破。等到有一天，到了更为广阔的空间，已变得狭小的心反倒无所适从。其实，心有多大，世界就有多大，如果不能打碎心中的壁垒，即使身在海洋，你也找不到自由的感觉。

苏轼的友人在家里养着一名歌女，唤作流朱。这歌女不但能歌善舞，面容姣好，而且还十分有才气。这年，苏轼的友人一家因为迁官要去岭南，流朱也便跟随去了。几年之后，友人迁回故乡，流朱也便跟了回来。

一次，苏轼拜访友人见到流朱便问她："岭南的风土应该很不好，姑娘跟着受了不少委屈吧！"不料流朱却莞尔一笑，答道："此心安处，便是吾乡。"苏轼听了，心里大有所感，随即填了一首词，这词的后半阕是"万里归来颜愈少，微笑，笑时犹带岭梅香。试问岭南应不好，却道：此心安处是吾乡"。

在苏轼看来，荒凉偏远的岭南不是一个好地方，流朱却能把它当成故乡安然处之，不气愤、不懊恼、不埋怨。大概也正是因为这个原因，从寒苦地方回来的流朱看上去似乎比以前更加年轻。笑容也像是带着岭南梅花的馨香一样，这便是随遇而安，为迷失的心灵找到了一个落脚的地方。

心灵需要一个港湾，需要一个家，唯有心平如水，才能够帮自己的心灵寻找一个港湾。每个人都有自己的价值，如果太在意那些外在因素，往往就看不清眼前的一切。如果能够让心态平和一些，找到自己的价值，才能为自己创造出一片属于自己的天地，才能让迷失的心灵找到归途。

现实生活中，有的时候人们会自寻烦恼，常常无法正确面对自己不能胜任的事情或是自己的弱点、缺陷，并为此沉浸在消极颓废的情绪中。殊不知，这样一来，往往也就忽略了自己本身的优点。心情也是一样，如果总把眼睛盯在那些消极和不完满的方面，那么你就永远无法快乐起来，这并不是因为没有能让你快乐的东西，而是你把快乐忽略了。

每个人都有喜怒哀乐，有时会开心，有时会愤怒，这些都是正常的现象，但是如果一味沉浸在情绪中不能自拔的话，就会扰乱自己的心，心不平，就难以自制，也就迷失了方向。

日常生活中，我们不妨学会调整自己的情绪，要想做到不生气，就要有平和的心态，若想培养平和的心态，就要放宽自己的心胸，舒缓心情，内心自然就平和了，也就能够让迷失的心早日回家。

因为怒了，所以一切都乱了

愤怒不仅仅是情绪上的发泄，更是会让人心灵变得丑恶的罪魁祸首。愤怒不但会让人自乱阵脚，更会让人滋生仇恨。

有时候，因为愤怒，一切理智都会燃烧殆尽，人们一旦失去了准确而理性的判断，只会走向危机。反过来说，如果能够克制住愤怒，那么就能够保持理性的思维，就会避免一切危机和绝境。

愤怒有百害而无一利，对改变自己的困境和现状没有任何实质性的帮助，还有可能因为愤怒产生的慌乱而造成不可弥补的错误。我们唯有保持平和的心，不愤怒，才能进行最客观而理性的思考。

春秋时期，郑国的国君郑庄公虽然身为君主，却不被自己的母亲喜欢和看重。原来，她的母亲在生他的时候遇到难产，差一点丢了性命，为此一直认为他是个不祥之人。

郑庄公有一个弟弟叫共叔段，非常受母亲的宠爱，母亲还试图劝说郑庄公的父亲把王位传给他。最后，虽然她的劝说没能成功，但仍然十分袒护小儿子，想尽办法为小儿子谋权力和地盘，甚至还要求郑庄公把一半的土地分给共叔段。对于一个君王来说，怎么能容忍这样无理的要求呢？但郑庄公不但没有一点愤怒，却答应了。

在许多人看来，他对此应该愤怒的，他也有权愤怒，同是母亲的儿子，自己没有感受过丝毫的母爱，还受到了母亲这样的排斥；他应该愤怒，愤怒于自己的母亲帮着弟弟而滋生谋反忤逆之心，但是他保住了自己的理智，决定不动声色。然而，他的处处妥协不但没有换来母亲的不忍，反而使她更加肆无忌惮地帮助共叔段扩张权力。

一些当朝臣子实在是看不下去了，便劝郑庄公讨伐共叔段，但郑庄公只说了一句话："多行不义必自毙，子姑待之。"原来，郑庄公一直在暗中做着准备，他明白，如果自己公然讨伐弟弟，很可能遭人话柄，被认为是不仁不义之人，讨伐自己的弟弟则必定会牵涉自己的母亲，这样他又会成为一个不忠不孝之人。所以他要等一个名正言顺的理由。

终于在他母亲和弟弟意图谋权篡位的阴谋显现之时，郑庄公一举讨伐，拿下了共叔段。

愤怒不能改变任何既定的事实。如果这个事实让

人愤怒，那么就要学会平复心中的愤怒。因为愤怒不能帮你找到任何解决方法。比如，人们常常因为误会而感觉到愤怒，其实只要将心放宽一些，让心变得平和一些，自然就能解开心结，不会因为愤怒而做出让自己后悔的行为。

西晋司马炎当朝时期，有一名战功显赫的将军叫石苞。历朝历代，手握兵权的将军都有着非常重要的地位，也非常容易招致君主的怀疑，石苞正处于这样的位置。当时天下大乱，还未统一，吴国也占有一席之地，经常进犯西晋。石苞作为当朝大将，为了防止吴国进犯，常年驻守边防。

正所谓山高皇帝远，更何况他手握兵权，这就给了小人以可乘之机，那些妒忌石苞的人便开始在他背后污蔑诋毁。其中一人就是王琛，他对司马炎说石苞怀有二心，有谋反的意图。恰逢这时，信奉风水的司马炎听到了一名风水师的预测，说边防之地将有人将谋反，如此一来，他便开始怀疑石苞。虽然石苞是个靠得住的人，但处在君主的位置上，他不得不防。

没多久，司马炎收到了吴国将大举进犯的消息，此时石苞派出的探子也给他带回了同样的信息，于是他全部心思都放在了部署备战上。

没想到这更增加了司马炎的怀疑，因为敌人来犯的消息还不曾传给他，而石苞此时部署备战岂不是为谋反准备？于是司马炎集合了军队准备前去征讨，一心为国，却遭到君主怀疑的石苞遇到这样的情景当然应当愤怒。但理智战胜了愤怒，他还是平复了自己的心，他主动放下武器，独自出城，没有任何反抗，也没有任何反驳。

司马炎并不是一个昏君，他在得知此事后，进行了一番思考，原本石苞谋反就只是一个传言，但如果他真的要谋反又怎会不战而降呢？而且，直到最后吴国的援军也没有赶到。如此思考过后，司马炎终于解除了对石苞的误解。

其实，石苞当时手握重兵，一旦愤怒了，完全是有能力将误解变成现实的，但是他没有这样做。因为他及时平息了心中的愤怒，所以才能进行理智的思考，最终找到证实自己清白的办法。

愤怒，足以燃烧一切，愤怒是一把自我毁灭的大火。只有看清了形势，才能找到解决的方法，要想做到不怒不乱，就要平复心中的怒火，心宽一点，便能平和一点，便能抑制住自己心中的愤怒，让头脑一直保持清醒。

不在冲动的时候做任何决定

在生命的五彩洪流中，每个人都展示着自己丰富的个性。假如你是一个性情急躁、容易冲动的人，那么你就要明白，在你冲动的时候所做出的决定，往往事后都会让你后悔不已。

生活的经历告诉我们：一个人在极度愤怒的时候，一定不要轻易地做决定，否则做错了决定，再怎么后悔都于事无补。

下面这个寓言故事，很好的说明了在冲动时做的举动，有时候是多么的愚蠢和不理智。

国王带着他宠爱的猎鹰，在山林里纵情狩猎，收获颇丰。

半晌过后，国王累了，开始找水解渴。他在山丘边上发现了泉水，不过水量很少，是一滴一滴往下流。他从鞍囊里取出杯子，放在水滴下面。好不容易等到杯子满了，国王端起正要喝下，突然，旁边的猎鹰跳起来，拍动翅膀，把杯里的水碰翻了。国王没多想，重新把怀子放到水滴下面。好不容易接满，国王正要喝，猎鹰却又一次拍动翅膀，打翻了水。

国王有点愠怒，不过疼爱猎鹰，也没计较，又举杯接水。水满正要喝时，猎鹰再次击翅打翻了水。

国王瞬间怒了，拿起一块石头，一下就砸死了爱鹰。

这时有侍卫赶过来，说要爬到山丘上面找泉源，那儿肯定水多。不一会侍卫气喘吁吁回来，说：“王上，那水不能喝，泉源里有一条毒蛇，正向水里吐毒汁呢！”

国王一听，明白了爱鹰的举动，自责地哀叹：“爱鹰救了我的命，可我却杀了它！”

冲动是魔鬼，这个魔鬼住在我们的心中，当它爆发时，我们做出的举动往往会背离内心的理智，而失去理智的后果，常常要我们付出很大的代价。但世上没有后悔药，为了不让自己追悔莫及，就要学会在每次冲动时，特别是怒火中烧时刻，反复告诫自己：冷静！冷静！再冷静！唯有先冷静下来，我们才能客观公正的看待和处理问题，才能保证做出的决定和举动是理性和客观的。

冲动所带来的后果是十分严重的，冲动所带来的损失也是无法弥补的。很有可能会因为一时的冲动而失去心爱的人，失去多年的好友，失去顾客。因为人在发怒的时候，已经完全丧失了理智，基本上已经不能正常理智地思考和支配自己的行动，从而做出让自己后悔不已的事情。

在日常的婚姻生活和朋友交际中，尤其不能冲动；在工作中，我们更应该努力克制心中的怒火。

研究表明，爱生气的员工通常都比较容易冲动，做起事情来也总是会不计后果。他们往往更为关心的是自己的需要、期望和目标是否得到满足，而没有事先想想整个大局，想一想公司的需要和目标。如果老板在快要下班或者假日的时候问员工可不可以加班赶完一个急活，员工就会非常生气地大声回答：“绝对不行，今天我该做的事情都已经做完了。并且我等会儿下班以后还有别的事情。”然后就会怒气冲冲地离开了。

事后，虽然顶撞了老板，最终也没有加班，但易生气的人就会认为老板是觉得自己“人善被人欺”，或者是因为自己的能力达到了一定的程度才会被老板要求加班。所以，员工就会觉得自己应该被领导提拔，如果这个时候被提拔的是别人，员工就会感到愤怒和不公平，并且从此以后就开始消极怠工。他甚至还会不断地问自己同样一个问题：“为什么他们不可以公平地对待我？”

愤怒就像是一面镜子，可以清晰地观察自己，仔细看着这面镜子，能从中发现些什么呢？也许很多时候有问题的并不是别人，而是自己。

其实，冲动是一种最无力也最具有破坏性的情绪，它给人们带来的伤害可能会远远大于我们的想象。

2006年世界杯足球赛决赛中，著名的法国球星齐达内，在加时赛的最后10分钟，用头顶撞了对方的球员，最后被一张红牌给自己的世界杯生涯画上了句号，并导致了整个球队将冠军拱手让给了意大利。

齐达内为什么会用头去撞对方球员呢？很多人都会说是因为意大利球员先辱骂了齐达内，故意激怒他，齐达内一时情绪失控，所以冲动地做出了违规的行为，最终被裁判用红牌罚下场。结果可想而知，齐达内黯然离场，让整个法国队失去了灵魂支柱，失败成为定局。

人之所以会生气，通常都是因为别人触犯了自己的尊严或者是自身的利益，因此很难一下子就让自己冷静下来，所以当意识到自己的情绪非常激动，眼看就要控制不住的时候，可以用及时转移注意力等方式来自我放松，从而鼓励自己克制冲动的情绪。

“忍一时风平浪静，退一步海阔天空。”这句话就是要告诉我们，在某些容易引起人情绪波动的特殊情况下，不要意气用事，不要冲动。因为在缺乏周详考虑的情况下，头脑一时发热，做起事来也会不假思索，这样就很容易草率地做出不该有的举动。

—— 第 6 章 ——

心平者不抱怨，抱怨则废

你抱怨，因为舍不掉私欲偏情

因为我们有时过于在意得失，所以产生了抱怨，因为我们以自己为中心考虑问题，所以能够让我们抱怨的话题总是源源不断。这也就是说，是我们的私欲和偏情衍生出了抱怨。事实上，没有人喜欢听抱怨，可是有的时候我们又不自觉地产生抱怨。想要消除抱怨，就要找到抱怨的源头，知道了原因，事情就变得简单多了。只要舍弃掉自己的私欲偏情，抱怨自然就会消失。

有时候，如果能够试着从别人的角度来考虑问题，就能够有效抑制住自己的抱怨，冷静下来的自己就有可能找到解决问题的良方。

卡耐基是一位很有名的人际关系交往专家。有一次他租用了一家酒店的宴会厅，为了做一个系列的讲座。正当一切进行得如火如荼时，问题出现了。酒店的经理突然给卡耐基发了一个要将租金涨到原来价格三倍的通知。当时在这个酒店办讲座的入场券已经印好并且发出，没有足够的时间来变更地址。在这个时候收到这样的信息，简直让人抓狂。即便经理见财起意非常不讲商业道德，但是卡耐基更清楚，此刻抱怨不能起到任何的作用，而且饭店的普通员工也没有权利改变经理的决定。考虑过后，他决定找到酒店经理重新商讨一下。

这天，卡耐基找到了酒店经理。他首先对经理为酒店创收的这种做法表示理解。经理见卡耐基通情达理，没有责怪的意思，非常高兴，刚准备开口说一些感谢的话的时候，卡耐基开口了，他对经理说:“现在请允许我为你算一笔账。”之后他在纸上画上了一条中线，然后在一边写上了“利”，一边写上了“弊”。

在经理疑惑的目光中，卡耐基说:“如果您将宴会厅收回，再租出去办舞会，能够收获更多，因为用作讲座获得的收入比较少。如果我占用半个月以上的时间开讲座，那么您的收入会比开舞会少很多。从这点来看，增加三倍租金是明智的选择。”说完，他将这点写在了“利”字的下面。接着他又说:“现在可以考虑，假如为了保证您的收入不变而坚持增加三倍租金的话，那么您的收入将大大降低，因为我无法负担这么昂贵的租金，所以只能另寻其他地方。”

说着，卡耐基将这点写在了“弊”的下面。写完了这一切之后他说:“虽然开讲座的收入不能瞬间增长，但是我的讲座也会吸引到很多潜在的客源，这比广告宣传要有用得多，从长远考虑这样利益更大不是吗？”酒店经理考虑了一会儿，权衡利弊后将租金上涨幅度降了下来。

现实生活当中，难免会遇到像故事中那样的变故，即使错不在自己，但是抱怨也不能解决问题，因为在抱怨的过程中，我们是站在自己的立场考虑问题的。自说自话无法协商问题，想要问题得以解决，就要站在同一个起点，这也就是说，要先抛开私欲偏情，才能客观地看待问题，进而找到解决的方法。

我们有时因为太在意自己的得失而难以抛却私欲偏情，但是得失都只是暂时的，如果为了“芝麻”而丢了“西瓜”，就会发现自己在意的东西有多么不值得。不要因为自己的利益受到了损害就不停地抱怨，先想想自己是否做得足够好，考虑自己的同时也不要忘了站在对方的立场考虑，这样才能互相理解，才能消除抱怨。

一位很有工作能力的年轻人准备到一家公司去应聘。那家公司的待遇很好，工作环境好，职位的发展潜力也很大。为了这些他毫不犹豫辞去了先前的工作。先前的公司工资并不高，至少不是他理想的水平，中午的工作餐也让他觉得难以下咽。有时甚至需要加班才能完成工作，明明有自己一身的才华，却一直没有升职，他觉得自己的上司忌妒自己的才华。因为这些，他离开曾经工作过的公司时没有任何留恋。

年轻人认为以自己的高学历，以及与同龄人相比更为丰富的实战经验和超群的工作能力，新公司的面试会很顺利。笔试结束后面试官找他谈话，当面试官问他为什么辞去先前的工作时，他就像找到了知音一般，将自己的苦水全部倒了出来。

面试官问年轻人:“那么请问你觉得自己给上一个公司带去的价值是多少呢?”虽然是一个简单的问题,但是他却被问住了。因为他平时除了埋头工作之外,就只是抱怨自己的工作和生活,对于自己的工作成绩他并不清楚。

最后的面试结果让年轻人失望了,因为他没能成为佼佼者从中脱颖而出。

面试官对年轻人说:“你的专业水平确实很高,但是面试时发现你比较喜欢抱怨,抱怨公司给你的一切都不是你要的,对比过后,我们发现其实我们两家公司的体制很相似,所以我想你即使换了环境也会有相同的想法。而且最重要的一点是,我们希望能够找到一个能够为我们公司创造利益的人,而不仅仅是考虑我们公司能够给他些什么待遇的人。”

我们时常像故事中的年轻人一样,因为抱怨着别

人对自己的不公，所以忽略了自己正在走的路，忘记了自己是否偏离了方向。由私欲衍生出来的抱怨蒙蔽了我们的眼睛，我们就只会跟着抱怨走，忘记了自己真正的方向和进度。不要总是抱怨他人带给我们的不公，客观地看看自己还有什么不足，就能够放下不必要的抱怨。

消除抱怨，只需抛弃一时的私欲偏情，不要总计较得失。因为心胸狭隘，才会只看到自己，对得失看得过重，所以眼光应放得长远一些，心胸宽广一些，自然能够帮助我们摆脱对烦恼的抱怨。

笑对烦恼，才能笑对人生

生活不可能事事如意，有时难免会有烦恼，也许是工作上的，也许是生活上的。如何应对烦恼就成为了我们需要考虑的问题。其实答案很简单，我们可以选择笑一笑，因为烦恼没有什么大不了。

因为一些烦恼而抱怨，只能让自己变得更加烦躁，通常情况下，烦恼并不足以撼动我们幸福的生活，所以不妨乐观一点，一笑而过，这样烦恼也能很快被我们遗忘。我们可以将烦恼看做是生活的调味剂，在我们感到麻木、疲惫的时候，烦恼可以提醒我们不要忘了生活当中的幸福。

美国前总统罗斯福有着非凡的权力和地位，在人们的眼中他是人生的赢家，然而即使是这样，他的生活也并非事事如意。

曾经有一次罗斯福家失窃，丢失了很多贵重的物品。照常理来看，他至少应该抱怨一阵子，毕竟无缘无故就让自己蒙受了不小的损失。然而事实却让所有人大吃一惊。

罗斯福的朋友在知道情况后安慰他，希望他不要在意这些以免影响到身体的健康。收到朋友的安慰后，罗斯福给朋友回了一封信。

在信中，他并没有任何抱怨的话，罗斯福显得非常从容，就像事情没有发生一般。罗斯福的信中提到，他很感谢朋友，他很好，也很幸福。虽然失窃了，但是好在他们家人身体健康，盗贼只是窃取了他们的物质财富，没有危及到他们的生命安全。虽然盗贼偷走的东西很多，但那并不是他财产的全部。最重要的是，做出偷盗行为的是那个人而不是自己。

罗斯福明白丢了的东西无法找回，所以干脆不去想这些让人烦恼的事。在遇到让人烦恼的事情的时候，应该想办法为自己消除烦恼，而不是通过抱怨让烦恼日益膨胀起来。任何事情都有两面性，我们可以选择乐观的视角来看待，笑一笑就能过去，无须为了一点烦恼而给自己的幸福增加瑕疵。

有句话说得好，幸福的人都是相似的，不幸的人各有各的不幸。虽然出现的问题不同，解决的办法也不同，但是在烦恼面前我们能够拿出相同的态度，不管是怎样的烦恼，我们都选择乐观面对，不去抱怨才能让我们脱离烦恼的苦海，才能让我们不至于被一时的烦恼扰乱了步调。

海伦·凯勒被人们所熟知，她就是《假如给我三天光明》的作者。虽然她被人们崇拜、敬仰，但她的烦恼更多。她是一个残疾人，所以连最基本、最简单的生活，都会让她产生常人无法体会到的困扰。

在海伦还不到两岁的时候，就因为猩红热而失去了视力和听力。没有了这些，基本生活都成为了问题，她生活在一个孤独而晦暗的世界中，在那里，没有声音，也没有光明。

海伦不是没有抱怨过命运的不公，不是没有为无法完成最简单的自理烦恼过，但她还是学会了笑对人生。她先是改变了自己的悲观心态，然后开始克服自己生理上的缺陷，将自己的心理建设得强大起来。虽然生活中最简单的小事都有可能难倒她，但在这样的情况下她仍然学会了说话和读书，而且上了学，掌握了英、法、德等五国语言，最终成为了著名的教育家。

在海伦拼搏努力的过程之中，时刻没有放弃创作，所以能够写出很多名作。不仅如此，她还献身慈善事业，为盲人学校募集资金，也因为这些，她得到了许多嘉奖。即使生活对她不够公平，但是她还能笑着面对，没有一丝抱怨，也正是因为这样，她的生命中才出现了只有她能看到的阳光。

相对于海伦·凯勒来说，我们的烦恼简直不值一提。没有过不去的坎，只有不愿跨过去的人。在遇到烦恼的时候，笑一笑，抚平自己的内心和情绪，才能脱离烦恼的掌控。只有学会了笑对烦恼，才能做到笑对人生。

不抱怨不放弃，奇迹就会出现

想要寻找走出迷宫的出路，就要冷静下来。我们只有静下心思考，才能找到自己真正需要的东西，为自己制定更加明确的目标，也能让自己走得更远。有时冲动是一时的，在冲动的情况下所做的决定并非是明智的，要想确定自己的目标，就要让自己先学会冷静。

非淡泊无以明志，非宁静无以致远，不能做到心淡如水，就难以找到自己的道路。若要明确自己的志向，走向更远的地方，淡定就是一种必备的素养。

有一次，一位探险家到荒无人烟的沙漠中去探险。沙漠神秘而危险，稍微不留意就会迷失其中，他深知这点，所以他压住心中的杂念，特别注意着周围的环境。然而意外还是出现了。

有一天，他突遇了暴风的袭击。在沙暴袭击的时候，他本能地趴到地上，闭紧眼睛，等到沙暴过去之后，他睁开眼睛发现情况糟糕透了，因为他慌乱之中丢弃的背包不知道被风沙带到了哪里，更为可怕的是，他挂在衣服上的水壶带子被吹断，水壶也不见了。

对于沙漠之中的人来说，水就是生命之源，在荒无人烟的沙漠中丧生的人不计其数，找不到方向又没有水源只能等死。他有些慌乱了，因为此时的他一无所有。没过几分钟，他就觉得生命开始倒计时。

偶然间，他将手伸进口袋，摸到了一个蝴蝶标本——那是他曾经承诺带回去给女儿的礼物。原来他并非一无所有，他还有一个标本。他将这个标本作为自己的精神支柱。他平静了下来，然后开始搜索脑海中的经验和知识，开始寻找出路。

暴晒、饥饿、口渴，这些都像恶魔一般缠绕着他，在他的耳边不停地说：“放弃吧，停下来。”但是他手中握着蝴蝶标本给了他无限的勇气，支撑他坚定地前行着。

三天后，他终于走出了沙漠，虽然此时的他身体几乎到了极限，但他还是紧紧地握着蝴蝶标本，仿佛那是他的人生信条一般。

也正是因为他冷静下来，面对困难能够淡然以对，最终走出绝境。其实，很多被困沙漠而死的人并非是因为体能到达了极限，而是因为失去了理智，变得绝望。要想顽强地活着，就需要一颗强大的内心作为支撑，不抱怨、专注解决难题是必不可少的一种品质，只有这样才能为自己找到出路。

现代的生活节奏快，我们往往变得非常焦躁，无论什么都想马上就达到目标，这是不可能的。要知道，罗马也不是一天建成的。确定目标并不困难，难的是坚持的过程，在这个过程中也许会有许多困难，但是我们如果能够保持积极的心态，按部就班地进行，那么自己的目标就一定能够实现。

有一名年轻人，他出生在一个非常贫困的家庭中，家里条件有限，甚至连保证基本的温饱都是问题，更没有多余的钱供他读书。所以他很早就进入了社会，虽然他的家庭没能为他提供非常优越的条件，但是他自己下定决心，无论如何他以后一定要成为连锁超市的总裁。

目标远大，需要一步一个脚印。刚开始，年轻人跟着一群人做苦力，干着非常辛苦的搬运工作，先是在码头，后来到了超市。即使是搬运工，他也觉得自己的工作终于和超市有了联系。目标非常远大，他的每一步都走得非常稳健，他坚信着他会成功，无论遇到什么问题，他都能够保持内心的淡然。

后来一个偶然的机会，年轻人成为了一家超市的促销员，他觉得他离成功又近了一步。他努力踏实工作，他的热情吸引了很多顾客。他从来不会过度宣扬产品的各种性价比，只是踏实地做着自己手里的事情。

他的销售成绩非常好，经理表扬了他，还给他发了奖金，接踵而至的一切都没有打乱他前行的步伐。他宠辱不惊，因此受到了经理的赏识。

两年后，年轻人成为了经理的助理。后来经理被调往总部，他又成为了这家超市的经理。他离梦想越来越近，虽然经过了很长的时间，但是他还是朝着自己的目标稳步前行，不急不恼，从来没有忘记过自己最开始的梦想。终于在多年后，他成为了连锁超市的总裁。

时间是非常考验毅力的东西，随着时间的流逝，我们的目标和初衷是否会发生改变，就要看我们是否能一直在淡然中度过。不以物喜，不以己悲。正是表明了我们对事应该有的态度，确立好了目标，就要下定决心，无论遇到什么事情都别轻易放弃、抱怨，按着自己的目标坚定前行，成功迟早会来到。

—— 第 7 章 ——

心平者不纠结，纠结则郁

烦恼皆由心生

生活中难免会遇到各种各样的烦恼，这些烦恼多得就像是沉淀在河底的泥沙，所有人都不希望烦恼跟随，但往往它就这样莫名其妙地找上门来，躲也躲不掉。越是厌烦，想要把它赶走，它就越是紧紧粘着不放。不能将心里的烦恼放下，只会被烦恼拽住不放，将自己束缚住，最后导致生活被弄得一团糟。如果肯放下这些烦恼，想开一些，那么它自然也就会离去。

古语有云“境由心生”，其实就是讲如何面对人和事以及生活在什么样的环境下，都是根据自己的心而来的。吸引什么，就会遇到什么。所以说，想要改变自己所处的环境，首先要做的就是改变自己的内心世界。

接连下了好几天的大雨，似乎还没有停下来的意思。有那么一个人，非常讨厌这样连续不断的雨，于是就站在院子中央，指着天空开始大声咒骂："呸！你这个不长眼睛、稀里糊涂的老天，下起雨来就没完没了了，你看不见大雨把我害得有多惨吗？屋子里面不停地漏雨，家里到处都是雨水，衣服全都湿了，刚收的粮食也被雨水泡了，木柴也都湿了，你看看你把我害得有多惨，这样做对你到底有什么好处？你到底还要下到什么时候才肯停下？"

这个时候，路过的风对他说："你骂得这样起劲，完全不顾自己站在雨中被淋湿了，老天肯定被你骂得吓坏了，以后肯定也不敢再随随便便下雨了。”

“哼！它要是真能够听到那就好了。”骂天者气呼呼地大声回答。

听他这么回答，喜欢打抱不平的风就觉得有些过分了，于是就回头对老天说：“喂，你没听到下面有人在大声骂你吗？你下雨应该是为了救活那些干渴的庄稼，可是如今却因为自己的私利连累了他人受害，从而怨恨你，你这样做真的是不应该啊！”

空中传来一声沉闷的声音，老天回答说：“我不可能去满足这个世上所有人的要求，住在热带地区的人整天骂我，因为我太热，烤得他们非常难受；住在寒带地区的人又骂我小气，不肯给他们多一点的阳光照射；住在温带地区的人倒是一年四季都享受了，可是他们又骂我春天风沙不断、秋天阴雨连绵。对于我来说，这些骂声我早就已经习惯了，我也管不了那么多，只是全心全意做好本职工作就可以了。”

风听完这些话以后深受触动，于是就对骂天者说：“你听着，老天不想听也没有时间去听任何人的指责谩骂，所以你站在这里大声骂也是没有任何作用的。”

生活中像这样不称心的事情时有发生，如果我们只是一味地去纠结，那么就是作茧自缚，得不到解脱。这个时候，不妨敞开心怀，打开自己的一扇心窗，自然生活里也就多一些欢声笑语，而少一些烦恼忧愁。

用伤害再去回应伤害，只会让伤害越来越深，最终死死纠缠在一起，成为一个打不开的死结。唐伯虎有句诗就说得非常好——冤家宜解不宜结。在遇到一些事情的时候，不妨先回头看看，敞开心怀，多宽容一些，那么自然也就会收获到轻松和快乐。宽容就好比一双灵巧的双手，可以很容易地就解开“伤害”这个死结。敞开心怀吧，不要再纠结于内心的那些烦恼，不要将自己的内心紧紧束缚，要知道心宽才会地广，才会在人生的旅途中安心欣赏随处可见美丽的风景。

查理和亨利是邻居，但他们之间的关系并不好。虽然谁都弄不清楚到底是什么原因让两家的关系变得如此糟糕，但如果非要说出个原因来，那就是他们不喜欢对方，可又都不明白自己到底不喜欢对方哪一点。

查理和亨利两家经常会因为一些小事发生一些争吵。有一年夏天，查理和妻子外出旅游去了。刚开始的时候，亨利和妻子并没有发现他们不在家。可是有一天的傍晚亨利在除完自己家院子里的杂草的时候，发现查理家院子里的杂草已经长得很茂盛了。

所有路过的人都能通过院子里茂盛的杂草一眼看出查理和他的妻子出远门了，而且离开的时间也不短了。亨利心想，这样一来，不是很容易招惹小偷过来吗？然后，一个想法迅速地出现在了他的脑海里。

“每一次我看到查理家长得十分茂盛的草坪，就会非常犹豫，我真的不想去帮助我不喜欢的人。”亨利轻轻地说，“虽然我已经非常努力地从脑海中抹去帮他家除草的想法，却怎么也挥之不去。于是，我在第二天的时候把邻居家的草坪给修剪好了。”

一个星期以后，查理和妻子旅游回来了。他们回来没过多久，查理就不停地在街上走来走去。他在这条街上每家门前都停留了很长的时间。

最后，查理过来敲了亨利家的门，打开门以后，查理用一副十分好奇的表情看着亨利。过了一会儿，查理才开口对亨利说：“亨利，是你帮我除掉院子里的那些草吗？我问了这条街上的所有人是谁帮我除的草，他们都说不是自己，杰克说是你帮我除的，是这样的吗？”他的语气里面含有一丝疑问。

“是的，查理，的确是我做的。”亨利带有一丝挑战语气回答。让人意外的是，查理低着头犹豫了一下，像是想要说些什么。直到最后，他才用非常低的声音对亨利说了一声“谢谢”，说完以后就立刻离开了。

就这样，他们之间打破了以往的沉默和不和谐的局面。从此以后，两家人的关系也变得越来越和睦。其实，很多时候，只要我们肯敞开自己的心怀，一切都会有所改变。不管是朋友之间，还是同事、邻里之间，都是一样的道理。有的时候，横在我们之间的，只是那一个小小的心结。我们需要做的，就是不要束缚住自己的心灵，放下成见，敞开心灵的窗户，放宽心态，那么什么问题都会迎刃而解。

放下小纠结，追求大境界

很多时候，真正将人们击垮的，并不是那些看似是灭顶之灾的危机，反而是一些微不足道的小事。事实上，多数人都能够勇敢地去面对生活中所遇到的那些大危机，却时常被一些小状况弄得焦头烂额。

一位处理过近千件离婚案的法官说道："很多人的婚姻生活之所以不幸福，最基本的原因往往都是一些生活上的小事情。"另一位负责刑事案件的检察官也有同样感触："在我们处理的大批刑事案件中，有一半以上都是因为一些很小的事情：有的喜欢逞一时的英雄，有的为了一些小事吵吵闹闹，有的讲话的时候不顾别人的感受，有的行为粗暴——正是因为这些小事情，才引起了一起又一起的故意伤害和杀人案件。”

罗斯福夫人在刚刚结婚的时候，担忧了很长一段时间，因为她的新厨子做饭水平很差。一段时间以后，罗斯福夫人对朋友说：“我不明白为什么自己以前会为这点小事纠结，但是现在，我根本不会在意这些小事。”这才是一个成年人的做法。就连凯瑟琳女皇——这位最为霸道的女皇，也会在饭菜做得不好吃的时候对厨子一笑了之。

有这么一条法律届的名言：“法律是不会去管那些小事情的。”同样，一个人走在寻找幸福生活的道路上，也不该总是为了一些小事情去纠结担忧。因为担忧是解决不了任何问题的，同样也改变不了当前的逆境。大部分的时候，要想去克服一些小事情所引起的困扰，最好的办法就是将自己的看法和重点进行转移，这样一来，就会拥有一个全新的、能令人更开心的视角。

一位老太太有两个女儿，大女儿家是开雨伞店的，小女儿家是卖布鞋的。这样一来，晴天的时候，老太太就担心大女儿家的雨伞卖不出去；雨天的时候，又担心小女儿家的布鞋卖不出去，整日忧心。后来有一天，有个人对老太太说："老太太，你真有福气，晴天的时候小女儿家顾客不断，雨天的时候大女儿家生意兴隆。"老太太仔细一想，的确如此。从此以后，老太太每天都过得无忧无虑，非常开心。其实换个角度考虑问题，便豁然开朗。

的确，如果在生活中，总是一味地去纠结一些小事情，那么生活又有何快乐可言呢？唯有放下内心的那些小纠结，才能迎来更好的生活。

杰克先生认为最近一段时间这世界上所有的烦恼似乎都降临到自己的头上来了。这几十年来，他一直过得都十分顺心，即使遇到生活上的小麻烦，每次他都可以很好地应付过去。可是如今，接连不断的麻烦向他袭来，他面对这些烦恼，彻夜难眠，十分纠结，忧愁不已。

他开办的商务学校，因为男孩子都入伍作战去了，招生无望，面临着严重的财务危机，甚至有可能会倒闭；他的大儿子也当兵入伍了，他感到十分地牵挂担忧；他名下的一片土地，被政府征收用于建造机场，可他得到的补偿却非常少；最为悲惨的是，他即将要无家可归，因为城市里的房源紧张，他担心无法找到一个适合全家居住的房子。弄不好他们一家还要住到帐篷里面，而且能不能以买到一顶好的帐篷也是一个问题。

他农场里面的水井干枯了，由于他房子附近正在挖一条运河，如果自己再花上500美元去重新挖个井，就等于钱打了水漂，因为这片土地已经被征收了；他每天一大早就要起来去很远的地方运水，他担心自己的后半生都要在这样劳累的日子中度过；他住的地方离他的商务学校比较远，他总是担心自己的老爷车会不会在开到一半的时候抛锚。

他的大女儿提前一年高中毕业了，她打定主意要继续上大学，可是他却担心不能及时筹集到学费。

杰克每天都被这些问题弄得忧虑万分，最后他决定将这些问题都写下来，因为他觉得这些问题已经超出了自己的控制范围内，他无力解决。

两年后的一天，杰克在书房整理物品的时候，忽然发现了这张纸，上面记载了他曾经有过的所有烦恼。但有趣的是，他发现之前自己担心的那些事一件都没有发生：

担心学校会倒闭是多余的，因为政府开始拨款训练那些退役的军人，所以他的学校很快就招满了学生；担心当兵入伍的儿子也是多余的，因为他平平安安地回来了；担心土地被征收也是多余的，因为附近发现了油田，所以停止了征收；担心每天运水劳累也是多余的，因为土地没有被征收，他就可以花钱再挖掘一口水井；担心车子会在半路上抛锚也是多余的，因为在他的细心保养下，车子一直没有出过问题；担心女儿的学费也是多余的，因为女儿在开学前找到了一份收入不错的工作，而这份工作可以让她不再担心学费的问题。

这些多余的担心让杰克深深地明白了一个道理：为了一些根本不会发生的事情去纠结忧虑，是一件多么愚蠢的事情啊。

事实上，细心回想一下就会发现，我们的今天正是你昨天所忧虑的明天。当我们在为一些小事情忧虑纠结的时候，不妨先问问自己：我所忧虑纠结的这些事情到底会不会发生呢？

如月从容，心平则气静

心静自然凉。人们难以控制天气，但可以调整自己的心态。生活中，像天气一样难以控制的事情有很多，这时我们就需要调节自己的心态，争取心态平和些，才能消除内心中的烦忧。心平气则静，心态好一些，凡事看淡一些，才能做到真正的从容。

可以想象，炎炎夏日充满了蛙鸣蝉叫，总是让我们感到心烦气躁，但是到了相对凉爽的夏夜，心头的烦躁好像就能缓和一些。我们的心也分为两面，一面是火热耀眼的太阳，一面是清冷娴静的月亮，只有如月般从容，才能消除心底的烦躁和忧虑。环境如何取决于我们怎样去感受，如果只沉浸于自己的安然中，自然不会过于受环境影响，反之，如果太过在意周围

的环境，就只能让自己产生忧虑和烦躁。

很多寺院会收小和尚修习，因为他们年龄小，所以很难保持安静。住持是慈祥的，对这些小和尚的管教并不严厉，他希望他们能够自己悟出佛理，而不是通过自己强制地传授。小和尚们每天在不坐禅的时候都在寺院中唧唧喳喳，打扫的时候也会玩闹起来。

有一个入寺比较早的小和尚，年龄稍大，此时的他，已经习惯于坐禅的生活，他曾经厌恶喧嚣，才选择此地出家，也正是这样才能够让他远离喧嚣，过上平静如水的生活。但是这些小和尚打乱了他的内心，他在坐禅的时候总能听到那些小和尚的喧哗和笑闹。虽然他很想教训他们，但是住持曾经告诉他要慈悲为怀，宽容待人，与世无争。没有办法，为了留得一方清净，他只能选择到寺庙外的树林中坐禅。

有一天，住持在他坐禅的时候来到了树林，问他为什么在这里坐禅，他便如实地说了情况。

他说：“因为这里难得清净，寺院中的小和尚实在是太过吵闹，为了修禅，我只能找得一方清净。”

住持笑了笑，问他：“这里的蝉鸣没有吵到你吗？”

他答：“不去注意就不会影响到我。”

住持微微一笑，反问他：“那么你觉得小和尚的吵闹和蝉鸣有什么区别呢？”听完住持的话，他恍然大悟。从那之后，他再也没有到树林中坐禅了。

住持告诉我们一个道理，就是主要影响我们心境的并非是客观的环境，而是我们自身。在意周围的环境，就会被周围环境所影响，从容一些，就能忽视那些让我们烦躁忧虑的因素。

如果难以保持平和的心态，难以做到从容，那么即使再安静的环境，也只会感到烦闷，这种情绪持续发展就会成为忧虑。我们要改变的不是环境，而是我们波动的内心，只有从自己本身出发，做到从容，那么才能收获心中向往的安然心境。

有一个漂亮的女孩，她非常容易焦躁，这使得她的气质大打折扣。每当她焦躁的时候，就会难以抑制自己的情绪，变得非常冲动。每到夏天，她的焦躁就会更胜以往，所以夏天让她非常反感。

午睡时女孩会被蝉鸣影响得睡不着，晚上又会感觉燥热，有时越想安静下来就越是能听到钟表走动的声音，这些都成为了影响她睡眠的因素。越是安静的环境，她越是容易听到各种声音，这让她难以入睡。一直保持着这样的生活，她感觉自己有些神经衰弱了。

有一天晚上，女孩的朋友约她一起出去玩，她想，反正回到家里也是睡不着，不如就去放松一下好了。他们选择到酒吧去消遣，那里异常喧哗，大家疯狂地跳着舞，音乐的声音震耳，不知道是什么原因，也许是因为这段时间实在是太缺少睡眠，也或者是放轻松了，这个女孩竟然在沙发上睡着了。

震耳的音乐没能成为影响她的因素，直到最后朋友叫她，她才从睡梦中醒过来。真是奇迹，这竟然是她睡得最舒服的一次。由此，这个女孩也领悟到了，环境并非是影响自己的因素，影响自己的，是自己焦躁的内心。从那之后，女孩下班后就给自己减压，从容地面对生活，也是从那时开始，她每天都可以安然入睡。

从容一些，往往能够帮助我们脱离困扰。远离世间的烦恼，并非是所处的环境没有烦恼，而是因为心已经脱离了情绪的控制，可以做到“不以物喜，不以己悲”。没有了烦扰，生活自然能够恬淡而幸福。我们缺少的，就是从容。

世间没有绝对的安静，越是安静的环境，声音反而越容易被凸显出来。只要我们不在意，客观环境如何就不再是影响我们心情的主因。放宽心，如月一般从容淡定，放下不必要的忧虑，自然能够让自己的内心平静如水。

—— 第8章 ——

心平者不悲观，悲观则弃

你不是一无所有，你还拥有希望

有时候，我们的生活会陷入一种“绝境”中，这种绝望感会让我们心灰意冷，失去积极面对生活的勇气。

但是，事情的发展方向并非就是绝对的，绝望的困境下有时也会孕育着无限的生机，让人萌生希望。只要还拥有希望，就不是一无所有。因此，在绝望的时候一定要抱有一种不绝望的心态——不肯低头，拥有希望。只要拥有了这种心态，那么不管在什么情况下，都可以勇敢地走向前方，拥抱幸福快乐的生活。

中国台湾有位作家叫杏林子，她在12岁那年，突然患上了类风湿性关节炎，这是一种免疫系统失调的罕见病。随着年龄的增长，身体的关节会不断地受到侵蚀并发炎，当时的医疗水平还无法完全治愈这种疾病。自从杏林子确诊以后，她时时刻刻都在痛苦中挣扎。数十年来，她躺在病床上面，生活完全无法自理，行走也只能依靠轮椅，连睡觉的时候都要戴上呼吸器。

这种剧烈病痛让杏林子的身心都疲惫到了极点，多少次，她都想停下来放弃一切。可是内心深处却总有一个声音在督促她前进。她深深地明白，如果前进也许还有一线生机，而放弃却只有死路一条。不能选择死，那就只有选择继续生活下去。

从这以后，她不再整日唉声叹气，开始积极地面对生活。于是，她开始全身心地投入到写作当中，用手中的笔来抒发内心的情感。她的生命从此焕发出新的生机，孕育出新的希望。就这样，一个深受病痛折磨长达48年、只有小学文化程度、连拿笔写字都非常困难的杏林子，从34岁开始写作直至去世，在整整26年里，共创作了散文、剧作等作品共计80多部。她拥有一大批忠实的读者，还深受文学界大师们的好评，看过她作品的人，都被书中的内容和她本人的故事深深激励和鼓舞着。

这么多年来，尽管杏林子的生活苦不堪言，可她并没有放弃，她也并非一无所有，因为她依靠着心中的希望，勇敢地生活了下去，给无数人树立了榜样。

在人生漫长的旅途中，很多时候我们以为自己真的走到了绝境，其实说不定这正是人生的一个转折点。“行到水穷处，坐看云起时”，的确，人生的境界就该如此。在人生的旅程中，我们只顾埋头前行，走到后面才发现自己陷入一种绝境之中，前方已经无路可走。

这个时候，悲观、绝望的心情就会肆意滋生，那么，我们到底该如何去面对呢？不如先放眼四周或者回头看一看，也许还会有另外一条路可以到达终点，即使已经无路可走，也不妨先抬头看看天上的云卷云舒，虽然深陷绝境但心灵还可以无限畅想，还可以很自由、很快乐地欣赏大自然，体会宽广深远的人生境界。于是，内心深处便生出一丝希望来，你再也不会觉得自己是一无所有，已走到了人生的穷途末路之中。

有这么一个成语叫“绝路逢生”，意思就是只要还拥有希望，肯用心去想、去做，就一定可以想出一个办法来，再通过积极主动的行动，就能够走出困境，获得成功。

这个世上原本就没有什么绝境，关键就看有没有一个良好积极的心态。只要心中还拥有希望，你就能从一粒沙中看见整个世界，从一朵花中看见整个春天，正所谓“一沙一世界，一花一天堂”。通过对当前局面的仔细分析比较，找到自己的优势和希望所在，就可以做到转危为安，找到新的出路。

换个角度，漫天星光

一个杯子，从侧面看可能是个长方形，从上面看可能是个圆形。同样，每个人的生活也正如杯子一样，很多时候只要换一个想法、换一种心情或者是换一个角度。那么，同样的际遇，就会给人带来不一样的影响。

塞尔玛是一位年轻美丽的美国女人，刚结婚不久就随着丈夫到沙漠腹地参加军事演习。她独自一人留守在一间集装箱一样的小铁皮屋里，这里天气酷热，四周生活的也都是印第安人和墨西哥人，他们都不懂英语，所以无法和安娜进行交流。塞尔玛感到十分孤独无助、焦躁难安，于是她写了一封信给自己的父母，抱怨这个鬼地方不是人待的，说自己迫切想要离开。

很快，塞尔玛的父亲就给她回了信，信上面只写了一行字：“两个人同时从牢房的铁窗口向外看，一个人只看到了满地的泥土，而另外一个人则看到了满天的繁星。”

刚开始的时候，塞尔玛并没有理解父亲信中的含义，在反复读了好几遍以后，她才感到十分地惭愧，于是决定留下来在这篇沙漠中寻找属于自己的那一片“繁星”。塞尔玛不再像以前那么悲观消沉，她开始积极地和当地人交往，学习他们的语言和风俗文化。她非常喜爱当地的陶器和纺织品。由于塞尔玛待人十分热情友好，所以当地人都愿意将自己手作的陶器和纺织品送给她做礼物。

这一切，都让塞尔玛十分感动，同时也让她的求知欲与日俱增。她开始积极地投入研究沙漠植物的生长情况，甚至还掌握了有关土拨鼠的生活习性，并观赏起沙漠的日出日落景致，等等。

如此一来，原先缠绕着塞尔玛的那些悲观和孤独的情绪也开始逐渐消失，取而代之的是积极地冒险和不断地进取。后来，安娜将自己的一些新发现和感触都写成了一本书。两年后，这本名叫《快乐的城堡》的书也出版了，塞尔玛终于通过自己的努力找到了属于自己的那一片“繁星”。

其实，原先的环境没有变，当地的居民也没有变，变的只是塞尔玛个人的人生视角。视角不同也会让一个人过上截然不同的生活，甚至改变人生轨迹。

一天，有一对孪生的小姑娘，一起走进了一座玫瑰园。没过多久，其中一个小姑娘哭着跑了出来，对妈妈说：“这个地方坏透了，虽然里面有很多花，可是每朵花的下面都长有刺。”没多久，另外一个小姑娘也来到了妈妈的面前，说：“妈妈，妈妈，这个地方简直太棒了，每丛刺上都长有许多美丽的花。”

乐观的人说，夜色越是黑暗，星星也就越发明亮；悲观的人说，星星愈是明亮，说明夜色愈是黑暗。

世间万事万物都是存有多面性的，既有好的一面，也有不好的一面。关键就是从哪个角度去观察。假如看到的是事物积极美好的一面，那么心情就是快乐的；相反，如果总是看事物中不好的一面，心情也会是痛苦和沮丧的。

古语有云：“人生不如意事十之八九。”在日常生活中，难免会遇到一些挫折和打击，但是只要保持乐观开朗的态度、积极向上的想法、心平气和的心境，换一个视角去看待问题，那么生活将会呈现出一派晴朗明媚。

《格列佛游记》的作者，英国文学史上最颓废的厌世主义者乔纳森·斯威夫特，每次在过生日的时候都会穿一身黑衣，并在餐桌上摆满了素食，以此表示对自己的出世感到遗憾。即便如此，他也依然热情地赞美幸福快乐是促进健康的重要力量。

杰克和皮特是认识多年的好朋友。杰克如今住在纽约城内，曾经是皮特的演讲经纪人。一天，杰克在芝加哥碰见了久未见面的皮特，就好心好意地带皮特回到了纽约的一座农场。途中皮特问杰克如何才可以消除忧虑，于是杰克就给皮特讲述了下面这个令人难忘的故事。

“我曾经是一个非常容易忧虑悲伤的人”，杰克慢慢说道，“但是，十年前的一个春天，我走过纽约城内的一条街道时，有个情景让我一下子消除了所有的忧虑。整个事情发生的过程只有短短十几秒钟，可就是在一刹那，我对生命的意义有了全新地认识。这一刹那的收获要比以前多年所学到的还要多。最近这两年，我在纽约城内开了家杂货店，由于经营不善，不仅花光了我所有的积蓄，甚至还为此欠下了一大笔债务，估计要花上五六年的时间才可以还清。我刚刚在上个星期六停止了营业，准备去银行贷款，以便在芝加哥再重新找份工作。我觉得自己是一个很失败的人，失去了所有的信心和斗志。”

“忽然间，我看到有个人从街道的另外一头走了过来，那个人没有双腿，只是坐在一块安装着溜冰鞋滑轮轱辘的小木板上面，两只手各用木棍支撑着前行。他慢慢地横过街道，轻轻地提起小木板打算登上路边的人行道。就在那一刹那，我们的视线相遇了，可是出乎意料的是他对我抱以坦然的一笑，并非常有精神地向我打了声招呼：‘早安，先生，今天的天气真好啊！’我看着他，忽然意识到自己是多么的富有啊。我有健全的双足，可以到处行走，为什么我还要这样地悲观呢？这位失去了双腿的人都可以过得如此乐观，我这个四肢健全的人还有什么做不到的呢？”

“我打起了精神，原本只打算去银行借100元的，可是我改变主意了，我非常有信心地表示——我要到芝加哥去寻找一份工作。最后，我借到了钱，也顺利地找到了工作。”

从这个故事里我们能够体会到，很多时候，我们眼中所谓的痛苦和不幸其实算不了什么，只要肯换一个视角去看一看世界，就会发现自己的不幸并没有想象中那么难以承受。

在生活中，很多人都会在自己一帆风顺时，觉得生活美好幸福，而一旦遇到了挫折和困境，就会觉得生活充满了黑暗，甚至还会悲观消极，如同世界末日来临一般。所以说，个人的主观性在一定程度上影响着人们的日常生活和事业。

艾迪·瑞肯贝克和朋友一起在太平洋上绝望地漂流了 21 天并被救起之后，说道："我从中学到了重要的一点——人只要还有淡水可以喝，有东西可以吃，那么就没有什么好抱怨的了。"

在我们的生活中，同样会有一部分事情是好的，而一部分事情是不好的。如果想拥有一个幸福快乐的人生，就该学会转换视角，把精力放在生活中的好事上面。

第三篇

豁达者，心淡

—— 第9章 ——

心淡者，淡泊名利而不争

心不淡，只会为名利所累

有时我们会受到名利的诱惑而拼命追逐，却忽略了自己内心的真正需求。面对名利，我们需要一颗足够淡然的心，唯有如此，才能把握名利，而不是被它支配。在可控的范围内，名利会为我们带来很多便利，但是如果没有淡然的内心，那么名利就会成为负累，所追求的幸福生活，也成为了一种负担。

除了内心的向往会促使我们追逐名利外，有时别人的眼光也会影响我们。对于我们真心想要的东西，

追逐的过程是快乐的，然而为了表面的光鲜而追逐，那么只能让自己感到不堪重负。

有一个男人，他带着自己的儿子到集市上去卖驴。两个人从家里徒步出发，一路上有说有笑，听着鸟鸣，闻着花香。

当路过一个村子的时候，有一对老夫妇，看见他们两个人牵着驴走路，于是老头说："老婆子，你看那儿有两个傻子，明明有驴，却非要徒步前进，牵着驴走，真是愚蠢到家了。"老太太也跟着附和。男人和儿子对望了一会儿，然后男人将儿子抱上了驴背，他牵着驴走。

当路过第二个村庄的时候，遇到了一群正在玩的小孩，于是小孩子们讨论开了。一个小孩指着坐在驴背上的儿子说："你们看呀，有一个不孝子，竟然自己骑驴，让父亲走路，真是太不孝顺了。"听完这句话之后，两个人看了看，儿子下了驴背，让父亲骑了上去，继续前行。

到了第三个村庄，遇到了一个三口之家，女人抱着孩子对她丈夫说：“你看，真是狠心的父亲，孩子那么小，竟然让小孩子走路，自己骑驴，真过分。”儿子和父亲思考了一会儿，两个人都骑了上去。

路过第四个村庄的时候，正巧遇到了两个放牧人，一个放牧人对另一个说：“那头驴真是可怜，竟然要承受两个人的重量，那两个人真是太残忍了。”父子两人不知道应该怎么办，父亲一气之下，将驴背了起来带着儿子继续赶路。

终于到了集市，没想到刚到集市，人们就议论开了：“你们看那两个傻瓜，竟然背着用来驮人的驴子。真是愚蠢到家了”，“他的驴子一定不健康，不能买他的驴”……父子二人听着这些议论，终于什么都没有说，牵着驴子徒步回家了。

仅仅因为他人的几句评论，父子两人就乱了自己的阵脚，只想着一味迎合他人的评论以留下一个美名。所以如果为了他人的眼光而选择迎合，到头来全是自己的负担。走自己的路，任他人评说，对待议论淡然一些，自然就不会被这些所累。

除了他人的看法外，有时我们追逐名利是因为内心的一种向往，尤其对于自己未曾到过的高度，人们总是充满了憧憬和好奇。然而，随着欲望的增长，可能会逐渐失去淡然的心，名声成为了让自己感到不快乐的源头。骑虎难下之时只能选择苦撑以继续维持自己的名声，如果心不淡，很可能为此付出巨大的代价。

有一名漂亮的女孩子，她非常憧憬明星生活，于是下定决心无论如何要成为一个明星。为此，她给自己制订了魔鬼训练计划。她本来长得很幼态，脸上有一点点婴儿肥，但是为了成为明星，她决心成为骨感美女。

女孩减肥成功之后，真的成为了一名骨感美女，也成功签约了经纪公司。搭配着她独有的性感嗓音，在出道的一开始，她就被经纪人打造成了性感、冷艳的形象。她喜欢唱歌，也喜欢笑，但是为了自己的明星梦，她按照经纪人的要求扮性感、装冷酷。

渐渐地，女孩越来越出名，几乎人人都知道了这名看起来不爱笑的冷酷美女。因为人设，她不得不保持这样的形象。曾经她生活得非常恬淡，唱自己喜欢的歌，看自己喜欢的节目。但是成了明星之后她处处都要注意自己所保持的冷艳形象。

她的幸福只停留在她成名的初期，因为她的名声越来越响，她过去的照片也被人翻了出来，人们抨击她虚伪，不是天生的骨感美女。她感到痛苦，难以接受现实，她不想跟歌迷承认自己曾经为了成名而伪装自己，因为她已经习惯了保持自己的冷艳形象，即使这个名声已经成为了她的负担。她没有和歌迷解释，也没有接纳批评声音的淡然之心，最终选择了自杀。

拥有名利有时比追逐名利更加辛苦，因为身在名利之中的我们如果缺乏一颗淡然的心就非常容易迷失自己。得到和付出是成正比的，在得到名利的同时意味着也要付出很多。故事中的女孩为了维持自己的形象不得不选择伪装，为了得到，所以付出更多，在这些得失面前，只有保持淡然，才能不被名声所累。

名利并非不祥之物，只是有些人在名利面前难以保持平常心，缺失了一份淡然。不想变成名利的奴隶，就要学会看开，时刻保持一颗平常心，淡然面对一切。

有比金钱更重要的东西

有人沉溺于求取功名，于是不惜一切代价去争取，然而一旦拥有功名就再也放不下；钱财一旦拥有唯嫌不够，还要更多；人不能没有事业，然而一旦拥有就更加放不下，不惜牺牲自己的快乐幸福，甚至青春岁月。正是这些身外之物缠绕着我们的心，使我们陷入世俗红尘的泥淖中不能自拔。

名利、欲望、奢求就如同“罗刹”一般，始终引诱着人心。为了钱，东西南北团团转；为了权，上下左右转团团；明知道它是可怕的，却又忍不住去注意它。当你惹它注意时，才发现它有多么可怕，但你已经无法摆脱它了。

一个年轻人想去智者家求学，路上他碰到一件极为有趣的事，就想以此来考考智者。年轻人来到智者家，恭恭敬敬地拜访完智者后，便入了座，与智者一边品茶，一边闲谈。突然，年轻人冷不防地问了智者一句:“什么是团团转?”

“皆因绳未断。”智者随口答道。

年轻人听到智者这样回答，顿时目瞪口呆。智者见状，便问:“你怎么这样惊讶啊?”

“不，老先生，我惊讶的是，你是怎么知道的呢?”年轻人说，“我今天在来的路上，看到一头牛被绳子穿了鼻子，拴在树上，这头牛想离开这棵树，到草地上去吃草，谁知道它转过来转过去都脱不开身。我以为先生没看见，肯定答不出来，哪知先生一下就答对了。”

智者微笑着说:“你问的是事，我答的是理，你问的是牛被绳缚而不得解脱，我答的是心被俗务纠缠而不得超脱，一理通百事啊!”

年轻人顿悟。

虽然智者的回答并不干牛的事，但因为他对世事看得穿、看得透，所以一个答案能解千愁。想想我们自己，不是也被一根无形的绳子牵着吗？就像那老牛一样围着那些不相干的身外之物团团转，总得不到解脱。

只要名利之绳、欲望之牢还在，我们就只能转来转去，但究竟也转不出个“人生三千烦恼”。那么我们怎样才能寻得超脱，找得自在呢？恐怕得斩断和丢掉欲望才行。

斩断名利之绳，对活在现代社会的我们而言，就是要斩断心头的压力和欲望。压力也好，欲望也罢，只会让我们把人生的道理想得越来越复杂，结果生活也越来越复杂，这绳便越缠越紧，再也不能解开。其实如踏踏实实做事，规规矩矩做人，得功名利禄便得，不得也无所谓，必要的时候放下，这才是最现实且可行的办法。

所谓丢掉，不仅是指物理上的抛弃，更是心理上的“放空”“看淡”。我们之所以总是与烦恼、变故不期而遇，就是因为丢不掉那些个身外之物，以至于让它们牵绊着我们的身心。只有放空自己，才能有更大的空间来容纳其他，在家里、办公室里，目光所及的任何事物，任何看法和回忆，甚至某个人，只要是让人心情沉重的或产生不好的情绪的，就应该把它们丢掉。

人，其实是一个有趣的平衡系统。当付出超过所得的回报时，便会取得某种心理优势；反之，当所得的回报超过了付出，甚至达到不劳而获的地步时，便会陷入某种心理劣势。人是用物质上的不合算来换取精神上的超额快乐的。有时，太过追求物质利益，看似得了便宜，其实却在不知不觉中透了支。所以就要

大胆地去丢掉，去去除。

一个女人，她的丈夫开了一家公司，生意红火，但这让他不得不没日没夜地忙碌。她的儿子又去了很远的地方读书，几个月才回家一次。

女人一个人在家里，终日无所事事，便觉得不快乐。

男人心疼女人，便时常劝她说:“你去亲戚朋友家走走，跟他们聊聊天，打打麻将。这样才会开心。”女人于是照做了，也果然开心了一段时间。但是一段时间后，她觉得话题已经聊完了，麻将也打腻了，就变得又不开心了。

有一天，她突发奇想要开个花店，男人怕女人无聊，就同意了。花店很快开张了，女人每天去花店做生意，变得忙碌起来。女人因为忙碌而感到开心，可是过了几个月，男人精算了一下，发现女人不但没有赚钱，倒赔进去不少。男人知道女人不是经商的材料，但他不动声色。

后来有人问他：“你妻子还开着花店吗？”他说：“还开着。”“是赚是赔？”“赚。”“赚多少？”男人只神秘一笑。经再三追问，他才悄悄告诉别人说：“赚到十万分的快乐。”

有的人只计较钱有没有赚，名有没有得，却从不计较是不是得到了快乐，是不是赚到了幸福。看来，事例中那位丈夫才是真正的智者，他虽然损失了一些钱，却买到了妻子的快乐，这比钱更重要。

名声愈大，你的世界就愈小

得到和付出是成正比的，要想得到多少就要付出多少。

名声会将一个人曝光于公众眼中，所以名声越大，属于自己的空间就越小。想要追逐名利，就要相应地付出；想要成为公众人物，就意味着要对自己的一切行为负责。自己的人生也就不再只属于自己。

名声越大，所要担负的社会责任就越重。如果没有足够的心理准备，没有一颗强大的内心，那么就不适合做一个公众人物。作为一个声名显赫的人，要清楚自己要负的责任。

汤玛士·华生是IBM公司的前总裁，他每天都非常繁忙，工作事务基本上塞满了他全部的时间，他的日程上密密麻麻地记载着需要做的工作，几乎没有休息的时间。每天他都为了工作而忙碌。在美国，他也算得上是一个能够呼风唤雨的大人物，几乎无人不知，无人不晓。

一天，华生发现自己的身体出了问题，他开始血压升高，而且精神状态也非常不好，总是心神不宁。因为身体上的原因，也影响到了工作，他的工作频频出现失误。

无奈之下，华生在百忙之中抽出时间去看了医生。检查过后，确诊为心脏病，这样的病需要静心休息，但是因为关心自己的公司和生意，他还是坚持工作。医生劝他也不能令他改变，他说：“我的公司不是一个小公司，我是公司的总裁。我每天的工作多得做不完，我选择休息的话，公司会出现问题的。我需要负责的不只是我自己，我需要为一个公司负责。”

华生说得没有错，因为他已经不是一个平庸的人，而是家喻户晓的人，所以他的人生也不再是他自己的。因为名声和责任是成正比的，站到一定的位置，就意味着要对更多的人负责。

名声过大，我们所能掌握的属于自己的世界就越小，自由也就越受限。名声过大未必是好事，即使是美名，也会让自己的人生转向自己无法控制的方向。

其实，潇洒地活着也是一种幸福，名声带给我们的不能弥补我们所失去的。做一个平凡人也不错，享受生活的美好与宁静没有什么不好，实在没有必要将自己推向风口浪尖。将名声看得淡一些，自己的世界自然也就广阔一些。

—— 第 10 章 ——

心淡者，淡对邪财而不取

别出卖你洁净的心灵

钱，究竟有着怎样的魔力？为什么人们常说钱不是万能的，但没有钱是万万不能的？难道得到了金钱，就等于拥有了幸福吗？难道为了得到钱，就能出卖自己的灵魂，牺牲自己的品德吗？

美国作家安比尔斯编撰的《魔鬼辞典》中对金钱做出了这样一种诠释："金钱是一种祝福，不过只有在离开它之后我们才能受益。金钱是有文化修养的标志，也是进入上流社会的通行证。”

世人都喜欢钱财，甚至部分人把拥有更多钱财当成毕生的事业。微软公司的一位高管就对财富与金钱有着特殊的喜好，认为财富是上帝赐予的礼物；还有一位美国大亨说金钱是对辛劳和美德的奖赏。

看来，金钱是能够让人赢取幸福和快乐的，但这条路绝不简单。除了极个别的富翁外，大多数人都喜好钱财，甚至为钱财迷失了双眼，出卖了心灵。钱能带给人的不仅仅是幸福感，更多的还是贪婪和罪恶。

伟大的戏剧家莎士比亚有一部著名的悲剧叫《雅典的泰门》。这个故事说的是，雅典贵族子弟泰门坐拥财富而且慷慨好施，于是身边聚集了很多阿谀奉承的“朋友”。这些人有的是贫苦穷人，有的是达官贵族，他们为了骗取泰门的钱财，甚至愿意为他做牛做马。

于是，泰门很快家产荡尽，负债累累。那些曾经依附于他的所谓的“朋友们”马上与他断绝了来往，而那些债主们则无情地逼他还债。经过这次的变故，泰门看尽了人类的贪婪和忘恩负义，变成了一个愤世嫉俗者。

出于报复，泰门再次举行宴会，向曾经的门客发了请帖，那些人一见宴会如此奢华，以为泰门是在装穷考验自己，于是又蜂拥而至，虚情假意地向泰门解释。泰门气急败坏，揭开盖子，把盘子里的热水泼在客人的脸上和身上，把他们痛骂了一顿。

从此，泰门离家出走，躲进荒凉的洞穴，过着野人般的生活也不愿意回到富丽堂皇的城市。然而，上帝还是眷顾他，泰门居然在挖树根时发现了一堆金子。看透世态炎凉的泰门，把金子发给过路的穷人、妓女和窃贼，最终在绝望和孤独中悲愤死去。

这是一部悲剧，莎士比亚借泰门之口大发感慨，揭露了在金钱的诱惑下人心的丑恶。听一听泰门的心声吧：

金子！黄黄的、发光的、宝贵的金子！……这东西，只这一点点儿，就可以使黑的变成白的，丑的变成美的，错的变成对的，卑贱变成尊贵，老人变成少年，懦夫变成勇士。呵，你是可爱的凶手，帝王逃不过你的掌握，亲生的父子被你离间！……

这番话将金钱的危险性揭露得一览无余。金钱的魅力可以改变人的眼光、扭曲人的灵魂。钱，除了能充当一般等价物用来购买商品外，还可以出卖人洁净的灵魂。有道是："有钱能使鬼推磨。"

哲学家史威夫特所说："金钱就是自由，但是大量的财富却是桎梏。"如果我们把金钱当做上帝，它便会像魔鬼一样折磨身心。因此，我们要学会明智地对待金钱。金钱本身并不邪恶，只不过人的内心会因为它而变得邪恶。所以，我们要做的就是要管住内心，看淡金钱，一切邪财皆不取。所谓:“君子爱财，取之有道。”只要保证自己的内心洁净不变，金钱依然是可爱的。

西方有这样一个寓言故事。

一个贫穷的农夫生性老实，经常做一些善事。后来他的事情传到了上帝的耳朵里，就偷偷在他的鸡窝里放了一只会下金蛋的鸡。第二天，农夫果然在他家的鸡窝里发现了一只金蛋，农夫喜出望外，但转念一想觉得一定是有人在跟他开玩笑。农夫是个谨慎的人，为了保险起见，他还是带着金蛋去了金匠那里，一经检测，发现它果然是纯金的。

后来，农夫把金蛋卖了，得到很多钱。那天晚上，他同家人大大庆贺了一番。

第二天早上，农夫抱着试试看的想法，看鸡还会不会下金蛋。于是鸡窝里一摸，果然又有一枚金蛋，一连好几天都是如此。

开始，农夫一家人喜出望外，但金蛋越多，人就变得越贪婪，很快他就对每天才得到一枚金蛋感到不满足了。于是，他心生邪念，要将鸡杀死，从而一次性取出所有的金蛋。然而，等杀死鸡后他才发现所有的蛋都还是小小的正在长着的普通鸡蛋，而从此以后他一枚金蛋也没有得到过。

农夫本来因为他的慈善心肠得到一只会下金蛋的鸡，但他为了得到更多的金蛋而迷失了双眼，抛弃了灵魂，结果杀死了鸡，再也得不到金蛋了。

寓言中的鸡代表我们的资本，而鸡蛋代表着利息。没有鸡就没有鸡蛋，没有资本就没有利息。多数人花光自己所有的钱财，甚至有些人的花费比收入更多，从而背负债务，于是偷窃、赌博，走上不法之路。

其实，有人每天都在重复着杀鸡取卵的勾当，于是不但没有得到钱，反而丢失了本来的人性。取有道之财、合法之财，人们方能光明磊落、坦坦荡荡、心地无私地活着。一个正直的人不会吝啬接受财富，但对不法之财却从不沾惹。因为不法之财会让自己受到欲望的牵制，最后受到精神和良心的折磨，落得一生不得自由的悲惨下场。

不要因为一点钱财而出卖了洁净的心灵。孔子就说过关于义、利的看法，即“君子得财要正当”，如果一个君子扔掉了仁爱之心，那怎么能成就君子的名声？君子就应该时时刻刻都不离开仁道，在紧急的时候不离开，在颠沛流离的时候也不离开，这样才是一个真正的君子。

做到这一点，就能够将钱财看淡一点，将心胸包容一点，当能容得下万事万物之时，就不会因为一点钱财动心而生邪念。

睁开被欲望蒙蔽的双眼

“钱财不积则贪者忧，权势不尤则夸者悲，势物之徒乐变。”这是庄子在《徐无鬼》中的一句话。意思是说，追求钱财的人往往会因钱财积累不多而忧愁，而贪心者是永不满足的；那些追求地位的人常因职位不够高而暗自悲伤；迷恋权势的人，特别喜欢社会动荡，以求在动乱之中借机扩大自己的权势。

世上总有一些人会因为在钱财、名利、地位等方面得不到满足而方寸大乱。面对公司破产、职位被贬等情况，有些人就会蠢蠢欲动，在私底下或背后耍阴谋诡计，结果让自己越陷越深，虽然职位高了，物质生活越来越好，可欲望也越来越大，竟再也得不到快乐。

追求钱财的人因钱财积累不够多而忧愁，而贪心者永不满足。人生自有其乐趣，并不需要一味地依靠物质，将财富看得过于重要，不停地追逐，即使财富到手，也会失去生活的幸福，这是十分可悲的一件事。

无可否认，财富具有无可比拟的魅力，人们追求财富，是为了更好地生活。欲望让人们蒙蔽了双眼，最后倾其一生对其穷追不舍，不仅得不到生活的幸福，反而会跌入万恶的深渊。

两个非常要好的朋友在林中散步，同时欣赏着夕阳西下的美景。这时，有个小和尚从林中惊慌失措地跑了出来，两人见状拉住便问:“小和尚，出了什么事，为何如此惊慌？”

小和尚上气不接下气，忐忑不安地说:“我正在林子那头移栽一棵小树，却忽然发现了一坛金子。”

两人听后哈哈大笑，说："挖出金子来有什么好怕的，你真是太好笑了。"接着，他们贪婪地问道："你是在哪里发现的，告诉我们吧，我们不怕。"

小和尚极力劝说："你们还是不要去了吧，那东西会吃人的！"

两人觉得好笑，异口同声地说："我们不怕，你告诉我们它在哪里吧。"

于是，小和尚只好告诉他们金子的具体地点，两个人飞快地跑进树林，果然找到了那坛金子。

其中一个人说："如果我们现在就把金子运回去就太过张扬了，还是等到天黑再运吧！这样，现在我留在这里看着，你呢？回去拿点饭菜，我们在这里吃过饭，等半夜的时候再动手。"于是，另一个人就照做了。

谁承想，留下来的这个人竟心存歹意，想：要是这些黄金都归我，该有多好！等他回来，我一棒子把他打死，这些黄金不就都归我了吗？

不料，回去的人也在想：我回去之后先吃饱饭，然后在他的饭里下些毒药。他一死，这些黄金不就都归我了吗？

不大一会儿，回去的人提着饭菜来到树林，结果他刚进树林，就被他的朋友用棍子一棒子打死。然后，那人得意扬扬地拾起饭菜吃了起来。吃着吃着，他的肚子就像火烧一样疼痛起来，这才知道自己中了毒，不免后悔万分。临死前，他才想起小和尚的话，自言自语道："小和尚的话真对啊，我当初就怎么不明白呢？"

本来非常要好的两个朋友只因为一坛金子，就在瞬间心生歹意变成了仇人。直到临死，才如梦方醒，知道自己是财迷心窍，被贪婪的欲望蒙蔽了双眼。可见，财富有时不但不能给人带来幸福，甚至有时能够夺走人的性命。尤其一旦被欲望蒙蔽了双眼，人心便彻底迷失了。

人们经常在富贵的诱惑中迷失自我，忘记了生活的本意，结果得到的财富越多，失去的幸福也越多。

保留本性的淳朴

这几年流行“断舍离”的生活方式，“断”就是断绝不需要的东西，“舍”是舍去多余的废物，“离”是脱离对物品的执着。“断舍离”的过程，其实就是返璞归真，让人生变得更简单、更随性。

在拥有了丰富的物质生活后，人们开始反思，究竟这种生活是否真的能带给人快乐和幸福？有调查显示，美国在过去 30 年里，随着国民生产总值的增长，觉得自己“非常幸福”的美国人口比例却下降了 5%，或者说减少了约 1400 万人。而且，越来越多的人患上抑郁症。

当人们不再为温饱发愁，而开始追求小康甚至更富裕的生活时，财富反而成为一些人走向幸福的绊脚石。最大的原因就是人们在追求财富、满足欲望的过程中迷失了淳朴的本性。当人们认为有钱就能买到一切的时候，会发现钱唯独不能买到最简单的幸福。

一个富人去拜访一位哲学家，向他请教为什么自己有钱后变得越发狭隘自私，什么也容不下了。哲学家将他带到窗前，问:“向外看。告诉我你看到了什么?”富人说:“我看到了外面世界的很多人。”哲学家又将他带到一面镜子前，问:“现在你又看到了什么?”富人回答:“我自己。”哲学家笑道:“窗子和镜子都是玻璃做的，区别只在于镜子多了一层薄薄的水银。但就是因为这一点水银。便叫你只看到自己而看不到世界了。”

当你的欲望越来越多，目标越来越大时，就会像狗熊掰棒子一样，丢弃了最初的愿望，迷失了自己。

石油大王洛克菲勒出身贫寒，创业初期靠的是勤劳肯干，那时人人都夸他是个好青年。然而随着财富的累积，他变得越来越贪婪，当他富甲一方之后，就更加冷酷残忍。那时，宾夕法尼亚州油田地带的居民深受其害，对他恨之入骨，甚至还有人制作他的木偶像，然后将那木偶像处以绞刑，以解心头之恨。诅咒和谩骂几乎每天充斥着他的耳朵，就连他的兄弟也对他十分厌恶，可以说洛克菲勒的前半生在众叛亲离中度过。

53岁的洛克菲勒，在尝尽人世繁华后，被疾病缠身，瘦得不成样子。医生向他宣告了一个残酷的事实，那就是他必须在金钱、烦恼和生命中选择一个。一语惊醒梦中人，这时的他终于领悟到，是贪婪的欲望控制了他的身心，他听从了医生的劝告，退休回家，每日打高尔夫球、去剧院看喜剧，还常常跟邻居打成一片。他开始过上了一种与世无争的平淡生活。

洛克菲勒发现当他逐渐放下那些华而不实的欲望后，烦恼少了，身体也健康了不少。后来，他甚至开始考虑如何把巨额财产捐给别人。但因为他臭名昭著，起初人们并不接受，说那是肮脏的金钱，可是他没有放弃，他通过努力使人们慢慢相信了他的诚意。

那时，密歇根湖畔一家学校因资不抵债即将倒闭，他听说之后马上捐出数百万美元，从而促成了如今的芝加哥大学的诞生。他甚至将慈善活动投放至全世界，著名的北京协和医院也是靠洛克菲勒基金会赞助而建成的；1932年中国发生疫病灾害，是洛克菲勒动用基金会资金进行资助；此外，洛克菲勒还为黑人创办了不少福利事业。从这以后，人们开始用另一种眼光来看他。

洛克菲勒的前半生为金钱迷失了方向，后半生千金散尽，才重返生命的正道。据统计，他一生赚进了十亿美元，捐出的就有七亿五千万。他用前半生创造了无与伦比的财富，用余年的岁月找回了因为财富而丢失的世界，那就是用金钱买不到的平静、快乐、健康和长寿，以及别人的尊敬和爱戴。

做完这些事情后，享年98岁的洛克菲勒觉得自己了无遗憾。

人的幸福感是很奇妙的。当有了钱以后，我们未必会感到幸福，甚至有可能很不幸福；而贫穷是不幸的，但当事人如果能够接受现状，安贫若素，并从生活中找到快乐因子，充分享受每一个微小的快乐，则未必感觉不到幸福。

在满足欲望的征程上，我们的幸福变得越来越单调、脆弱、不堪一击，当财富蒙蔽双眼，我们最原始、最朴素、最简单的幸福也就迷失了。

在生活中，只要我们不远离真善美，不被金钱欲望所奴役，那么幸福就会主动来敲门。

—— 第 11 章 ——

心淡者，淡对波折而不恼

安逸是人生的陷阱

人人都向往安逸自在的生活，但人生不会轻易让人安逸。古人有“生于忧患，死于安乐”的忠告，又有“艰难困苦，玉汝于成”的鼓励。意在告诉我们，成功总是与艰苦相伴的。

而安逸是通往成功的最大障碍，它会消磨人的意志，人一旦渴望并接受了安逸，就如同掉进了温柔的陷阱，很难自拔。逐渐地，便失去了努力的动力和奋斗的方向。

也许你不敢相信，富可敌国比尔·盖茨，居然对他的孩子们十分吝啬，他甚至严格控制孩子们的零花钱。从不让孩子们多花钱，他自己也十分节俭。

比尔·盖茨给孩子们灌输这样一种观念：家里的钱都是爸爸妈妈辛苦赚来的，你们要花就应该靠自己的劳动来赚取。于是在家里盖茨设置了家务劳动赚钱的规矩，对每一项劳动都明码标价，绝不多给孩子们一分钱，让他们明白钱是靠自己的劳动得来的，而不是可以不劳而获的。

试想，如果比尔·盖茨由着孩子们花，他赚的那些钱也可以保证他们一辈子衣食无忧。但若真是那样，盖茨就等于养了一群蛀虫，孩子们就不会有什么未来。比尔·盖茨深知太过安逸的环境会对孩子们产生多大的危害，因此宁愿让孩子们觉得父亲严厉苛刻，也不愿意孩子们在安逸的环境里长大、长歪。

人的一生就好像是一次旷野中的旅程，必然要经受无常风险。“四蛇同箧险复险，二鼠侵藤危更危；不把莲华栽净域，未知何劫是休时”，讲的就是居安思危的故事：

有一位行者在途中被一只猛虎追赶，可荒郊野外的，根本无处藏身，于是心急如焚。拼命跑着，突然发现眼前出现了一口枯井，行者欣喜若狂，奔到井边，井边正好有一根藤，于是他便顺着藤往井下躲去。

谁知，当他快要到达井底时竟看见盘着四条毒蛇，都吐着红芯子，昂头盯着他看。行者一看吓了一跳，只好攀着藤挂在半空，不再往下。正当他想松一口气时，却发现两只老鼠正在咬他的救命井藤。一旦藤被咬断，他将跌落井底，受粉身碎骨与毒蛇咬噬之苦。一想到此，行者便恐惧忧骇，急忙想解决办法。正当此时，一群蜜蜂从井口飞过，滴下几滴蜜来，恰巧竟落在行者嘴边，他一尝，甘甜丝丝入心田。一下子沉浸在甜蜜中，竟忘记了身处险境，最终跌入井底。

这几滴蜜也正是人世之安逸。人在安逸中常常忘记了自己的使命，甚至原来的自己；在安逸中常常不能忍受挫折，心也容易受影响、受波动；在安逸中自己的信心也很容易流失，甚至失去原本光明的本性，所以，安逸之人一定要守住自己的本心，居安思危。

中国历史上就有“自古寒门多才俊，从来纨绔少伟男”的说法，这句话说明了环境对于人的影响的深刻性。过于安逸的环境，并不会让人得到锻炼和成长，相反只会让人失去斗志，没有奋斗的动力，待在原地不愿前行。

除了在金钱上的安逸，还有思想上的安逸。如果一个人对自己目前的状态过于满足，就失去了任何想要进取的动力。这种安逸不仅让人安于现状，更重要的是它会彻底让人失去前进的内在需求，让人整日“混日子”，没有任何进步可言。有句话说“成功就得对自己狠一点”，这里的“狠”，指的是有意识地让自己吃一点苦，让自己在吃苦受累中得到成长。这是一种自我督促，不至于让人在安逸的环境里停滞不前。

比如，今天的作业是放学后背诵一首古文，很多人就会给自己找各种理由，上学太累了，不如跟同学一起去放松一下，回来再背。结果玩完了回家倒头就睡，完全忘了自己给自己定的任务。时间一长，所有的计划都打乱了。

在人生的道路上，我们要能够受得住安逸，更要经得起波折，那些一开始就选择享受的人和一开始就执著奔波、千锤百炼的人，最后的结局往往是迥异的。

超越逆境的力量

当你能够学会珍惜挫折而不是逃避的时候，你的内心会更有力量。一个人在看不到希望时，仍能够保持乐观，仍能善用自己的理智，这是十分不容易的。这时的挫折不但不会消磨意志，反而能够助你穿越绝境，转败为胜。

约翰从小立志当医生，他终于如愿以偿地考入了医学院。刚一入学，他就被医学院严谨的学习气氛迷住了。可是，好景不长，基础知识学完了，他们进入了解剖学和化学的课程。这时，约翰每天都要面对着不同的尸体，这让他感到十分害怕且恶心。以后的日子里，他每天去解剖教室都心惊胆战，唯恐又见到什么让人想呕吐的景象。

恐惧的心情一直折磨着约翰，直到有一天，他开始怀疑自己的选择是错误的，而自己也根本不适合医生这个行业。思量再三，约翰决定退学，然后选择一个更适合自己的专业。第二天，他就把这个决定告诉教授，教授只说："再等等吧，你现在的决定并不能代表你的心声。等到你的决定忠于你的心的时候，你再来找我。"

于是，日子就这样一天一天过去，杰克依然每天都在受着恐惧的煎熬。这样不知过了多久，他居然开始习惯了解剖教室里福尔马林的气味，熟悉了人体的结构，渐渐地不再对解剖教室感觉畏惧了。四年后，杰克以优异的成绩毕业。

多年后，在一次同学聚会中，教授笑着对杰克说："还记得吗？你当年想放弃。""是的，教授，您阻止了我。"教授说："那时候你太悲观，还不能了解自己的心，所以我让你冷静下来。杰克，你记着，人在遇到挫折、悲观失望的时候，千万别马上作决定，要给自己一点时间想一想，之后得到的答案也许就跟原来不同。”

艰难困苦能磨炼人的意志，这是我们成事的心理基础。没有谁的道路是一帆风顺的，你选择怎样面对，就有什么样的结果。

一片茫茫无垠的沙漠上，阳光剧烈，风沙漫飞。一队商旅骑着骆驼在负重跋涉。

比烈日风沙更可怕的是，他们各自带的水都喝完了。

水是他们穿越沙漠的信心和源泉，没了水，就意味着死亡。

正在大家绝望的时候，头领从腰间拿出一只水壶。说：“我这里还藏有一壶水。但穿越沙漠前，谁也不能喝，我们要留到最需要的时候。”

一种充满生机的幸福和喜悦在每个人濒临绝望的脸上弥漫开来。

终于，这帮人一步步挣脱了死亡线，顽强地穿越了沙漠。他们喜极而泣，感谢那壶给了他们精神和信念支撑的“生命之水”。头领拧开壶盖。汩汩流出的不是水，而是满满的一壶沙。

生死存亡间，你可能更需要的不是那解渴的水，而是信念。

很多时候，无论生命处于何种境地，无论遭遇怎样的挫折和打击，承受怎样的绝望，如果心中还有那么一股“生命之水”，你就有勇气和力量战胜种种不幸。

安时处顺的奥妙

《庄子·养生主》云:“安时而处顺,哀乐不能入也。”意思是要安于时运而顺应自然,一切哀乐之情就不能进入心怀。庄子说的虽然是养生之道,但其实也是做事之道。这个时刻能做些什么就做些什么,不强求,不忤逆,安守本分,不骄不躁。一旦时机成熟,就当顺应时机抓住机会,应势而行。

早春时节,师父交给弟子一些花种,让他将花种种在自己的院子里。弟子便拿着花种往院子里走去,可是走得太急了,突然被门槛绊了一下,摔了一跤,顿时手中的花种撒了满地。弟子好不遗憾地看着师父,只见师父在屋中说道:“随遇。”

弟子想着还是把花种扫起来吧，于是就去拿扫帚，突然天空中刮起了一阵大风，把撒在地上的花种吹得满院都是，师父这个时候又说了一句:“随缘。”

弟子一看，这可怎么行？花种都被吹跑了，就越发急忙地去扫院子里的花种，这时天上下起了瓢泼大雨，弟子只得跑回屋内，哭着向师父道歉，然而师父只微笑着说了句:“随安。”

很快，冬去春来，一天清晨，弟子突然发现院子里开满了各种各样的鲜花，他蹦蹦跳跳地将这个喜讯告诉师父，师父这时说道:“随喜。”

一次种花事件，师父却道出了整个人生缩影，随遇、随缘、随安、随喜，就是说让我们遇到不同事情、不同的情况时，都要以“随遇而安”的心态去面对。

大文学家苏东坡曾经多次被流放，对此，他却能泰然处之，他说，要想心情愉快，只需要看到松柏与明月也就行了。何处无明月，何处无松柏？只是很少人有他那般的闲情与心情罢了。如果每个人都能放宽心，做到随遇而安，及时挖掘出身边的趣闻乐事，那么不管是生是死都能轻松对待了。

环境往往会有不尽如人意的时候，问题在于个人怎么面对拂逆和不顺。知道人力不能改变的时候，就不如面对现实，随遇而安。与其怨天尤人，徒增苦恼，就不如因势利导，适应环境。由不如意中去从容地发掘新的前进道路，才是求得快乐与安静的最好办法。

俗话说得好：活到五十岁，好看难看一个样；活到六十岁，有权无权一个样；活到七十岁，钱多钱少一个样。即使是同一个人，对自己、对社会的看法也会随着时间的推移而发生不小的变化。其实，人生的过程就是这么简单，不能复制，也不能随意剪切。

其实生命长短、不同事物之间没有任何可比性。使命不同，生命的价值也不同，它们之间的称谓也就不同。那些朝生暮死的蜉蝣以及不知春秋的寒蝉过的也是一生，五百岁的灵龟与八千岁的椿树也是过这一生。只不过前者也许羡慕后者的寿长，但却不知道后者也在羡慕前者的干净利落。前者永远不明白后者的苦恼，后者永远不明白前者的羡慕。

我们要相信命运总会有最好的给予，就像那句老话："命里有时终须有，命里无时莫强求。"不管是顺境还是逆境，成功还是失败，福禄还是灾难，我们都需要淡然面对。不管过去经历过什么，不管将来又将怎样，活在当下，珍惜现在，努力生活，远比怨天尤人要好。

—— 第12章 ——

心淡者，淡对委屈而不愤

人的胸怀是委屈撑大的

马云在担任电视节目《梦想中国》的评委时，曾对一位选手说：“人的胸怀是委屈撑大的，多一点儿委屈，少一些脾气，你会更快乐。”

关于这句话，古代著名军事家孙膑作了很好的诠释。

孙膑是战国中期齐国人，少时受尽颠沛流离之苦，成年后有幸跟随鬼谷子大师学习兵法，但却遇到了心肠狠毒的师弟庞涓。

庞涓表面上跟孙膑一团和气，以兄弟相称，内心却十分忌妒孙膑的才能。两人学了几年兵法后，忽闻魏惠王招贤纳士的消息，这让身为魏国人的庞涓蠢蠢欲动，并最终决定下山应招。离别时，孙膑泪眼婆娑地送了师弟一程又一程，并嘱咐他万事小心。

庞涓的军事才能虽比不上孙膑，但比一般人还是好上很多，所以他很快得到了魏惠王的赏识，被封为将军。在接连打了几场胜仗后，庞涓更得魏惠王的宠信，成为魏国上下皆知的人物。

然而，事业如日中天的庞涓却没有因此而感到开心，他始终有一块心病，担心有一天孙膑会抢了自己的风头。日思夜想很久后，庞涓终于想出一条治愈心头病的计策。

一日，孙膑收到庞涓的来信，信中庞涓称已说服魏惠王任命孙膑为军师。孙膑感激师弟的恩情，立即奔赴魏国的都城大梁。到达大梁后，庞涓对他礼遇有加，却绝口不提封官之事。

孙膑不便多问，只好耐心等待。可是到最后，他等来的不是魏惠王的重用，而是残酷的刑罚。那天，凶狠的小吏们不由分说地将孙膑拉到一间暗室，脱掉他的衣裤，剜去了他的两个膝盖骨，并在他的脸上刺上犯罪的标志。这一切都是庞涓害的，庞涓向魏惠王进谗言，冤枉孙膑有背魏降齐之心，若不给以颜色，势必会成为魏国的劲敌，魏惠王思索再三，认为有必要收拾一下孙膑。

成为残疾人的孙膑不久后便“疯”了，不吃饭、不睡觉，甚至把粪塞到嘴里大嚼起来。庞涓认为孙膑真的疯了，对他的看管也松懈了下来。实际上，孙膑只是装疯，他一直在寻找逃脱的机会。最终，借齐国使臣来大梁之机，他藏身于使臣的车子里，秘密地回了齐国。

回齐国后，孙膑很快见到了齐国的大将田忌。在田忌的引荐下，孙膑顺利地见到了齐威王。尽管孙膑身有残疾，但由于他有出色的军事才能，深得齐威王的赏识。

公元前354年，魏国将军庞涓发兵8万围攻赵国的都城邯郸。赵国抵挡不住，派使者向齐国求救，身为军师的孙膑提出了“围魏救赵”的作战方针，这不但化解了邯郸的危机，还沉重打击了魏军，并活捉了庞涓。但最终，孙膑没有杀掉庞涓，而是将他训斥了一番，并放他回了魏国。

尽管十几年后，庞涓还是死在了孙膑的手上，但对于孙膑来说，他已经做到了仁至义尽。对好朋友推心置腹，却惨遭陷害，并为此成为了残疾人，孙膑的委屈可谓大过天，但委屈没有将他打倒，没有将他变成一个狭隘自私的人，相反，他的胸怀因为委屈变得更加宽广，他的一生因为委屈变得精彩又耐人寻味。

“胸怀是委屈撑大的”这句话也体现在著名脱口秀主持人奥普拉身上。

奥普拉出生于美国密西西比州的一个小镇，她没有温暖的家庭，她的父母从来就没有领过结婚证，并且在她很小的时候就分手了。自出生起，被人称为私生女的奥普拉就跟随外婆一起居住。

6岁那年，奥普拉回到了母亲身边，从此，她开始过上堕落的生活。在她9岁那年，竟然被表兄强暴，这让小小的她更加堕落，还差点儿被送进少管所。

所幸，14岁时，奥普拉来到父亲身边生活。父亲知道奥普拉从小受尽了委屈，并做了很多错事，遂对她的教育十分上心。在父亲的严格教育下，奥普拉的生活总算有了起色，17岁那年，她还被评选为“田纳西州黑人小姐”。后来，她进入州立大学学习大众传媒，并名正言顺地进了电视圈。

在电视界熬了十余年后，她终于等到了一个机会。1984年，她被老板任命为《芝加哥早晨》这档节目的主持人，这原本是一个收视率不容乐观的节目，但仅仅一个月时间，奥普拉就让节目的收视率扶摇直上。一年后，这档节目被改名为现在大家所熟知的《奥普拉·温弗瑞秀》，并打造出了品牌。如今，全世界绝大部分大牌明星都以上奥普拉脱口秀为荣，奥普拉也凭借以自己名字命名的节目成为无可争议的“脱口秀女皇”。

奥普拉在委屈中一次又一次地获得了成功，委屈没有让她颓废，反而让她更迅速地成长起来，让她成为了一个被仰视者、一个心胸开阔的人。

可见，不管是历史名人还是现代精英，不管是万众崇拜的人，还是众人质疑的人，只要能经受住委屈，心胸也会慢慢变得宽广。宽广的心胸再加上天生的才华，势必能创造出辉煌的人生。

能够承受委屈是成熟的标志

“人不知而不愠，不亦君子乎？”这是《论语》第一篇的开头，孔子提出的观点，一个人不被别人理解，也不怨恨，不就是一个君子吗？

不被人理解、不被人了解的背后，是你要能承受得了委屈。人生最重要的工作是跟人打交道，而你从事的工作本身却未必是最重要的。在生活中，一定有被别人委屈的时刻，当你能够承受委屈时，就证明你自己成熟了。当你能够跟自己不喜欢的人一起相安共事时，你就成功了。

别人不了解我，我也不生气，首先是一种包容、大气的气质。在你不被了解时，别人对待你的方式，对你说的话，肯定不是你所期望的那种格调，也许会刺痛你，也许会误解你，不管哪一种，都需要你自己消化，平衡自己，保持内心的和缓。

得不到别人的理解，而不心生怨恨，是一种自信的表现，拿孔子来说，他深信自己的理念，终有畅行天下、为世人接受的一天，只是当下时运未到，不被接纳。他的内心有笃定、自信的一面，虽然他感觉何时被采纳，他也不知，但他内心有自己的底气。

被人误解时承受委屈、保持平和，是自控力的表现，是一种强大的自我修养，而具备很好修养的人，其背后又与坚韧、毅力、向上、精进等关键词联系在一起，自制的品质，体现着一个人的强大的人格魅力、定力、自我约束力。

人不知而不愠，体现的是向内看，从自身找原因、自我提升的态度，而不是把目光的焦点凝聚在外界之上，只要被误解、受委屈，马上找别人论理、解释，甚至吵闹，这不是孔子推崇的，也不是一个君子之所为。

联想创始人柳传志说："人生在世，注定要受很多委屈，而一个人越是成功，所遭受的委屈也越多。要使自己的生命获得价值，就不能太在乎委屈，不能让它们揪紧你的心灵，要学会一笑置之，要学会超然待之，要学会转化势能。智者懂得隐忍，原谅周围那些人，让我们在宽容中壮大。"

柳传志的这段话，一定是心有所感，是在长期的工作实践中体会总结出来的切身经验，这真实地说明了承受委屈与事业发展的某种关系。

一个人要不断前进，做更多的事，就不能停滞不前，纠缠在别人对你的误解上，从儒家角度来说，一贯的主张是"行有不得，反求诸己"。即一个人如果事事不顺，一定要从自身去审视寻找原因，向内看而不是向外求，一方面是忍别人之不能忍，一方面提升自我认知能力，调整自己，做更好的自己。

而委屈的价值，不仅在于为自己赢得了不断前进的时间和心力，避免一些无谓的纷争，同时也为自我审视赢得了一个契机，也是磨砺自我修养的好时机。

历史上很多性格坚定、抱负远大的人都是在受尽委屈后做出一番大事业的。

司马迁在《报任安书》中写道："盖西伯拘而演《周易》；仲尼厄而作《春秋》；屈原放逐，乃赋《离骚》；左丘失明，厥有《国语》；孙子膑脚，《兵法》修列；不韦迁蜀，世传《吕览》；韩非囚秦，著《说难》《孤愤》；《诗》300篇，大底圣贤发愤之所为作也。"

司马迁对周文王、孔子、屈原等人是心怀敬意的，这些人受尽了委屈，却并没有在委屈中埋没自己，他们通过著书立说来抒发怨愤，并以此展现出了自己的才华和价值。作为平凡人的我们，或许终其一生也做不出什么惊天动地的大事业，但我们至少可以把委屈看作是一个激励自己蜕变的转折点。

成为从不幸中走出来的英雄

如果有谁陷入到不幸中，这个人多半会为自己的命运感到委屈。诚然，不幸的人生是值得同情的，但身处不幸并没有我们想象的那么毫无意义，因为很多从不幸中走出来的人都成为了某个时代的英雄或佼佼者。

美国作家斯蒂芬斯说：“每场悲剧都会在平凡的人中造就出英雄来。”综观历史，不同的时代、不同的国度有许多英雄人物都经历过不幸。比如《史记》的作者司马迁曾经被处以腐刑；《红楼梦》的作者曹雪芹家道中落，曾饱尝数十年食不果腹的贫寒日子；《命运交响曲》的作者贝多芬正值大好年华竟两耳失聪；美国最杰出的总统之一林肯，他幼年丧母、中年丧子、初恋情人早逝、结发妻子患上精神病。

以上这些英雄曾经也是无名之卒，但是不幸成就了他们，让他们在千百年之后仍然被人们所铭记，他们的光辉随着时光的流逝愈加耀眼。以下是两篇关于英雄的故事，首先来看看已故的美国人米切尔的故事。

米切尔本是一个身体健壮的青年人，但是很不幸，他突然遭遇了车祸。车祸发生之前，心情愉悦的他正骑着摩托车飞快地奔驰在一条笔直的公路上。

车行驶了一半，当他习惯性地扭头看后方是否有车开过来时，没想到行驶在前面的大卡车突然刹车。电光火石间，来不及做任何反应的米切尔为了保住性命，闪电似地将摩托车的把手压低，让车身侧倒滑进卡车底下。

没想到，就在这个危急时刻，摩托车的油箱盖突然崩开，悲剧不可抑制地发生了，油箱里的汽油溅洒出来，被摩托车和马路摩擦出的火花引燃。

当米切尔恢复意识时，全身70%的面积都已烧伤的他已经在医院的病床上躺了好几天，伤口让他痛得不能动弹，甚至连呼吸都极为困难。但是，米切尔并没有因为疼痛而放弃求生的意志，他不断地告诉自己："无论如何，我一定要活下去。"

很长一段时间，米切尔都生活在疼痛中。后来，他终于靠着坚强的意志力挺了过来，并且重新开始了新的人生与事业。可惜，命运又一次捉弄了他，因为一次飞机失事，米切尔的下半身瘫痪了。

在接二连三的不幸打击下，米切尔也会委屈地想要大哭，但更多的时候他是斗志昂扬的。在激昂的斗志下，身有残疾的他在当时成为美国最活跃的成功人士之一，除了事业有成，他还进入了国会，并且多次进行巡回演讲。在某次演讲中，他说:“因为这些不幸经历，让我真正地体验到了生命的成功与喜悦。”

如果说不幸是一所大学，那么米切尔无疑就是一名优秀的毕业生。像米切尔这样的人，完全值得我们称之为英雄，他用真实的事例告诉我们，就算再委屈，也要始终和不幸做斗争，要用积极、乐观的心态过好每一天。

茨威格说:“命运总是喜欢让伟人的生活披上悲剧的外衣，并且在他们前进的道路上设置重重障碍，以便让他们在追求真理的征途中锻炼得更加坚强。命运戏弄着这些伟大人物，但这是大有补偿的戏弄，因为艰苦的考验总会带来好处。”米切尔就是被命运披上悲剧外衣的英雄。

下面让我们再来看看当代伟大的科学家斯蒂芬·威廉·霍金的故事。

在轮椅上生活了几十年的霍金曾经写下过这样一段文字:“我的手指还能动，我的大脑还能思考，我有终生追求的理想，我有爱我和我爱着的亲人、朋友，我还有一颗感恩的心。”

如此乐观、豁达的霍金并不是生来就坐轮椅的。在他的青年时期，他是牛津大学公认的最有前途的明星学生，曾获奖无数。但是在他大三那年，他突然发现自己身上出现了一种奇怪的症状，他的手脚一日不如一日灵活，他走路时还会无缘无故地跌倒。

经过专家诊治，霍金悲伤地了解到自己患上了运动神经病，这种病会让自己的肌肉慢慢持续不断地萎缩、硬化，并且无药可医。这就意味着一向健硕的霍金要拖着自己虚弱无力的身体在轮椅上度过下半辈子。

不幸的事情还远远没有结束，在全身瘫痪数十年后，身体虚弱不堪的霍金意外感染了肺炎，为了他的安全着想，医生不得不为他进行气管切开手术。手术很可怕，要在他脖子及气管上切一个口子形成通气孔，这样一来，霍金就再也不能说话了。

没有了灵活的双腿，没有了健康的体魄，没有了说话能力，霍金饱尝了生命中的各种不幸，但是坚强的他并没有因此放弃生命，也没有因为委屈而整日抱怨，他说："生活是不公平的，不管你处境如何，都只能全力以赴。"

就是这份积极乐观的心态帮助霍金不断开发自己的潜力，最终成为世界上最著名的物理学家。

作为平凡人的我们，在漫长的一生中，终究也会经历些不幸。就算我们不因委屈而难过，不因委屈而放弃自我，或许也不会有什么大的成就，不会被后人深深铭记。但不管怎样，总是要和不幸争斗一番的。不惧怕不幸，并勇敢面对，才能开创出一个崭新的人生，才能让自己尽可能地远离伤害。

要记住，蚌虽然饱受与沙砾摩擦的痛楚，但它收获了晶莹的珍珠；玉石虽然饱受利器雕琢的痛苦，但它成就了旷古绝伦的雕刻艺术。不幸是苦涩的，但经历过苦涩才能成为真正的英雄。就算做不了英雄，我们也不能做没有勇气的弱者。

第四篇

豁达者，心智

—— 第 13 章 ——

心智者当识人：识人不探尽

不试探人性，是对感情最大的尊重

一个花瓶有多坚固，只有在你打碎那一刻才会知道。然而那个时候，花瓶已不再是完整的，只剩残破。人性也如花瓶，经不起任何的考验和试探。正如作家东野圭吾所说：“世界上有两件东西不能直视，一是太阳，二是人心。在人性面前，人们总是渺小的存在。”

人性是什么？古人云：发乎情，止乎礼。就是说人生而有情，这个情指的是人的欲望，它不能逾越道德礼法，要做到律己。但律人容易律己难，人性的恶，就是在没有礼法约束的土壤上肆意生长的罪恶之花。它有一个微妙之处，就是能极力隐藏自己恶的一面，又对恶的一面充满了难以抗拒的试探欲望。

人性本就有善有恶，矛盾且复杂。如果抱着得到“善结果”的期望来考验人性，很多时候都会令我们失望，这是很正常的。马斯洛说过：为了避免对人性的失望，我们必须首先放弃对人性的幻想。都说难得糊涂，正是因为很多事都具有多面性，智者懂得两害择其轻。

这是一个心理咨询师讲的案例，很值得思考。

一个女孩忧心忡忡向咨询师倾诉了自己最近遇见的烦心事，她说，感觉自己的男朋友不再爱自己了，可能出轨了，问要不要装作陌生人加他微信去试探一下。

咨询师给她的建议是不要这么做，因为每个人的内心都有一块不愿意让别人触碰的田地，试探只会伤害了彼此的信任，让感情出现更大的裂缝。

但女孩最终还是没能听从建议，偷偷开始了自己的试探计划。她利用对男朋友的了解，投其所好地找他喜欢的话题，对男朋友嘘寒问暖。慢慢的，她发现男朋友会把生活上和工作中的烦心事和她倾诉。她这时候才懂男朋友承受的压力，明白了他的不易。

于是她主动向男友告知了试探男朋友的事，表示以后会多多理解他的不易之处。但出乎女孩意料的是，愤怒的男朋友提出了分手，他觉得失去了信任的两个人，感情是再也回不到从前的。

毛姆说："卑鄙与伟大、恶毒与善良、仇恨与热爱是可以互不排斥地并存在同一颗心里的。"

同样，每个人都有外人可见和不可见的多面性。

动画片《加菲猫》里有这样一个片段。有一次加菲猫失踪了，主人找遍了周边的每个角落，却始终找不到加菲猫的身影，主人难过极了。直到有一天，主人走进一家宠物店，他一眼就认出了加菲猫，再次把它买了回去。

看起来是个喜剧结尾，但在故事的最后，加菲猫说了一句话："我永远不会问主人，那天他为什么会走进宠物店。"

其实，不光是在爱情里，在亲情、友情当中，同样如是。当把对方当成唯一时，或许，在对方的心底并没有自己想象当中的那样重要。

很多时候，我们要反省自己，是不是自身的原因导致身边的人渐行渐远？其实，对于生命而言，接纳才是最好的，不论是接纳一个人的出现，还是接纳一个人的远去。别高估人际关系，友情也好、爱情也罢，两个独立强大的灵魂相遇，关系才更为牢靠。

物以类聚，人以群分

战国时期，齐国著名大夫淳于髡足智多谋，能言善辩。齐宣王喜欢招贤纳士，于是让淳于髡举荐人才。

只一天时间，淳于髡竟接连推荐了七位贤能之士。齐宣王惊讶之余，又有些许怀疑："都说人才难得，寡人听说若是千百年内能找到一位贤圣人士，那这能人就会像摩肩擦踵一般多了！你今日一口气推荐了七位贤士，那贤士是不是太多了？"

淳于髡回答说："不能这样说，要知道，同类的鸟儿总聚在一起飞翔，同类的野兽也总会一起行动。人们找柴胡、桔梗这类药材时，也不会想到要去水泽洼地去找，而是会去梁文山的背面去找。天下同类的事物，总是相聚在一起的。我淳于髡大概算个贤士，所以让我举荐贤士，就如同在黄河里取水、在燧石中取火一样容易。”

心理学有个法则，说是思想集中在某一领域的时候，跟这个领域相关的人、事、物就会被吸引而来。这种我们看不见的能量，叫做吸引力。你的性格、阅历、品行无形之中会吸引相类似的人靠近。这就是俗话说的“物以类聚，人以群分”。你是怎样的人，决定了你会吸引到什么样的人。你的为人，决定了你的圈子。

正所谓“龙不与蛇居”，性格不同，三观不同，自然理解不了彼此的心意，接受不了彼此的性格志趣，自然很难走在一起。

一个年轻人买碗时，随手拿起店里一只碗，然后依次与其它碗轻轻碰击，发出的声响沉闷、浑浊。年轻人不停地试，几乎挑遍了店里所有的碗，却没有一只称心的，即使是店内的精品，也不满意。老板问他两只碗相撞是何意，他得意地告诉老板，如果能发出清脆、悦耳声响的，一定是只好碗。

老板恍然大悟，重新递给年轻人一只碗，笑着让年轻人再试试。这次，每只碗都发出了清脆的声响，年轻人疑惑地看着老板。

老板笑着说："刚才你拿来试碗的那只碗本身就是一只次品，用它来试，只会是浑浊的声音。要想辨别出好碗，首先你得保证自己手里的碗也是好碗。"

人和人的相处也是这样，优秀的人，就会遇见更加优秀的人。人品越好，也会遇见人品更好的人。你是怎样的人，决定了你会遇见什么样的朋友。所谓"近墨者黑，近朱者赤”，如果与坏人交往，便会感染到坏习惯，学习到坏行为；要是与好人交往，就会习得到好习惯，学习到好行为。

有些人要敬而远之

生活中，谁也不希望遇到忘恩负义的人。试想，我送对方以蜜糖，对方还我以毒药，这是多么令人委屈的事情。可惜，我们谁也没有火眼金睛，稍不留神就可能遇到薄情寡义的人。

历史上就有这样的典型，他们的忘恩负义使许多为他们付出过很多的好人不得善终。例如因卧薪尝胆而被世人熟知的越王勾践。

勾践被围困在会稽山时，向三军下令说：“凡是我父辈兄弟和同姓弟兄，只要有能够帮助我脱困的，我将和他们共同管理政事。”文种提出了投降议和的计策，并亲自去找吴国国君议和。

吴国大夫伍子胥力劝吴国国君千万不能议和。文仲便劝说勾践向吴王进献美女。当吴王夫差见到从越国来的西施后，立刻同意议和，但要勾践来做人质。为了保住越国以及自己的性命，勾践便去吴国服侍夫差，把越国的一切政事交给文仲管理。

中间的过程大家都清楚，勾践委曲求全、卧薪尝胆，文仲殚精竭虑、秣马厉兵，最终越国灭了吴国。

在灭吴这件事上，文种居功至伟，如果没有他，勾践很有可能都客死他乡。按理说，成功后的勾践应该好好感谢文仲。然而，可共苦却不能同甘的越王因为忌惮文仲的才能，狠心地逼他自杀了。

勾践是忘恩负义的，他辜负了为越国及为他鞠躬尽瘁的文仲；文仲是委屈的，在生命的最后时刻，不知道他是否会后悔曾经那么用心地帮助勾践。

人生，交友需慎重，正如曾国藩所说:“交际之道，与其失之滥，不若失之隘”，意思就说：交朋友，宁可少而精，也不要多而滥。因为你一旦交上了“坏朋友”，他们早晚都会牵连你，甚至毁坏你一生。左宗棠说:“好便宜者，不可与之交财，多狐疑者，不可与之谋事。”也是忠告我们交友、处事要格外谨慎。

这些良言慧语都是古人智慧与经验的总结，我们不可轻视。如果生活中遇到这样的人，还是敬而远之吧。

—— 第14章 ——

心智者当责人：责人不苛尽

不用自己的标准要求他人

人与人之间因为家庭背景、受教育水平，以及性格认知等方面的差距，存在着人生观、价值观的差异，这就决定着他们在看待事物的方式与方法上会存在差异。不能说对方的想法和做法就是完全不对的，只因为它不符合自己的标准就对其进行批评指责是不明智的。

午后，一个渔夫躺在沙滩上打盹儿。这时，一位貌似从大城市来的观光客打扰了渔夫的清静。来者看起来有知识有文化，身份也尊贵，他问渔夫："老兄，这样好的天气，一定打了很多鱼吧！"渔夫摇了摇头。

"怎么，难道您身体不舒服吗？"

"怎么会，我的身体棒极了。"渔夫站起来，舒展着四肢给来者看。

那人露出困惑的神情："那您为什么不去打鱼呢？"

"我已经打过了啊。瞧，我的筐里有四只龙虾，还有幸捕到了二十几条青花鱼，我甚至连明后天的鱼都不用打了。"

那人变得激动起来："这就够了吗？你怎么不想一想，如果您每天出海两次、三次、四次，等等，您就能捕到更多的鱼啊！"

"打那么多鱼干什么？"渔夫问。

"卖掉啊，用剩余的钱买一条渔船，出海去捕更多的鱼，再赚更多的钱。"那人甚至为渔夫制定了一个不错的人生规划。

“赚那么多的钱干什么?”渔夫似乎对这个美好的设想满不在乎。

“等你的钱足够多了，组织一支船队，然后雇人为你捕鱼，让他们为你赚更多的钱。”那人说得津津有味。

“赚了更多的钱再干什么?”渔夫依然一边收拾东西一边问。

“到那时，你甚至能开一家远洋公司，捕鱼、运货，甚至加工，把您的产品推向世界。到了那时，您可以坐着飞机去大西洋寻找鱼群，用无线电指挥您的渔轮作业。接着开一家连锁的活鱼饭店，您可以不再需要任何中间商就能把自己捕捞的鱼新鲜地送到顾客嘴里。”

渔夫继续问:“然后做什么?”

那人似乎被问住了，顿了一下，说:“然后你就可以什么都不做，美美地在沙滩上享受午后的阳光了！”

渔夫哈哈大笑：“我现在不正在美美地享受午后的阳光吗？”

每个人的生活方式不同，每个人的追求也不同。正如渔夫说的，与其辛苦劳累二十年后坐享其成，不如像现在一样，每天钓几条鱼养活家，其余时间则享受一下午后的阳光，还可以眺望大海、欣赏日落，闲暇时会会亲朋好友……同样是享受生活，为什么不从现在做起呢？

当然，我们也不能说游客的观点就是错的。游客有游客的快乐，渔夫有渔夫的快乐。如果你需要在拼搏中感受快乐，那么渔夫的生活显然不适合你；如果你需要享受简单而自在的生活，那么游客的规划显然不合适你。不论你选择哪一种生活，都没有理由去责怪其他人的选择。

不要轻易用自己的标准和喜好苛求别人，无论生活、工作还是感情，正所谓“己所不欲，勿施于人”。

著名作家拜特森有一个女儿，从小心性孤傲，总喜欢对人指手画脚。一次，她走到爸爸面前问道：“爸爸，为什么东西总是很容易被弄乱了呢？”

拜特森便问道：“怎么回事？”

女儿说：“你来看看我的书桌，上面的东西都没有摆在固定的位置，这不是吗？昨天我花了不少时间才把它们重新摆整齐，可是没过很久，就又被弄乱了。”

拜特森问女儿说：“你说的整齐是什么样子，摆给我看看。”

于是，女儿便开始动手整理，把书桌上的东西都归位，然后说道：“请看，现在它不是整齐了吗？可是它是不会持续多长时间的。”

拜特森又问她：“如果我把你的笔筒移动一二英

寸，你觉得怎么样呢？”

女儿回答说：“不行，这样书桌就乱了。”

拜特森又问：“如果我打开书本呢？”

“你还是会把桌面弄乱。”女儿回答。

“那你的书桌还有什么意义？我相信你如果把它收拾得太整齐了，书桌恐怕该不高兴了！”拜特森说。

拜特森微笑着对女儿说：“不是东西很容易弄乱，而是你心里对于乱的定义太多了，而对于整齐的定义却只有一个。”

我们往往对于自己的标准是宽松的，但对于别人，只要不符合我们的标准，我们就会像故事中的小女孩一样，认为都是不正确的。生活中，如果你认为这也不对，那也不对，只有你做得对，那么纠结的只会是你自己。

宽容与善意会化敌为友

影视剧常有一句话:“如果我们不是对手，相信一定能成为好朋友。”的确，很多时候，许多对手间只不过因为各自的追求不同而成为对手。

尼克松被提名为总统候选人时，洛克菲勒成为了他最主要的竞争对手。当时，基辛格是洛克菲勒的忠实拥护者，全心全意地帮助洛克菲勒大力宣传和广拉选票。基辛格当时曾对媒体发表过这样的言论:“如果尼克松当选为总统，这将是一件非常荒谬可笑的事情，因为他根本没有当总统的资格。”结果，事与愿违，尼克松不但当上了新一届的总统，还邀请他进入总统内阁。

尼克松并没有因为基辛格当时对自己的无礼评价而埋怨记恨他，反而认为基辛格是个不可多得的人才而向他发出邀请。面对尼克松的邀请和大度，基辛格内心忐忑不安，但还是如期赴约了。

两人的会晤十分愉快，尼克松立刻提出与基辛格保持密切联系的要求，但被基辛格婉言拒绝。尼克松对此并不灰心，他以诚换诚，第二天主动找基辛格谈话，希望他能出任总统安全事务助理这个直接决策国家外交的职务。几天后，经过再三考虑的基辛格接受了尼克松的邀请。就这样，尼克松在内阁还未组建之前提前任命了基辛格。

此后，基辛格果然在外交方面大展拳脚，为尼克松以及美国赢得了众多荣誉。

如果尼克松在当上总统后，只想着打击报复自己的政敌，那么只会让对立情绪更深，怨恨越积越多。尼克松是明智的，以自己的宽容不但原谅了对手的打击，并且感化对手，从而为自己所用。

当然，生活中并不会有真正的敌人，有的可能只是一部分人的敌意。面对这些敌意，是对抗还是化敌为友，明智的做法当然是以善意去化解矛盾和怨恨。

卡尔是个卖砖的商人，本来生意做得还可以，但因为一个竞争对手的恶意抨击而陷入了经营困境。这个竞争对手时常走访建筑师与承包商，还总对他们说卡尔公司毫无信誉可言，而且他们的砖块质量也不合格。这使得卡尔的公司一度面临倒闭。

卡尔生气极了，甚至几次都想拿砖头敲对手的脑袋。不过他的性格，让他秉持这样的为人之道：宽容和施恩给与自己为敌的人，将赢得友谊。

有一天，卡尔接到一单生意，一位顾客正为新盖大楼的砖发愁。这项工程虽然很大，可卡尔的公司并没有顾客需要的砖块的型号。仔细看了顾客的订单后，卡尔发现这批砖正好与竞争对手的产品很相似，而此时竞争对手恐怕还完全不知道这笔生意。

这让卡尔犯了难。想想竞争对手对自己所做的事，直到目前还耿耿于怀。不过经过激烈的心理斗争，卡尔还是选择了忠于自己的人生信条。他打电话给竞争者告知了此事。

竞争对手接到电话，异常诧异。卡尔明显感觉到对手十分感激他的帮助。此事过后，对手不但停止到处散布有关他公司的谣言，甚至还把自己的一些订单分给卡尔来做。

正可谓“善有善报，恶有恶报”。如果一心只知道报复，只会让矛盾更深；如果用爱和宽容去化解彼此之间的矛盾，矛盾就会消失。这是胸襟，更是智慧。

常怀宽恕之心

每个人都会犯错误，但很少有人会心悦诚服地接受另一个人暴风雨般的指责和批评。即使犯错误的人原本想承认错误，也有可能被这种指责和批评的方式激怒，从而不承认或采用明知故犯的方式来表达自己的抵触情绪。

戴安娜夫人是社交界的名人，经常会邀请一些宾客来家中聚会，因此特聘了一名总招待来负责自己的宴会安排。总招待艾米一向办事得力，但有一次却不知什么原因，派来一个不懂礼数的侍者招待客人。

这位侍者对礼节一无所知。每次上菜，他都是最后才端给主客，还把没有炖熟的肉端上餐桌，这让戴安娜夫人气愤至极。于是，整个宴会过程，戴安娜夫人几乎都在强颜欢笑，她内心不断对自己说，等宴会一结束，立刻给艾米一些颜色看看。

宴会后戴安娜夫人一直没见到艾米，直到第二天，艾米才来向她道歉。

此时戴安娜夫人的心情平静了很多，她想，即使教训了艾米一顿也无济于事。客观说，菜不是他买的，也不是他做的，他派的人可能自己都不知道素质有那么差。事情已经发生了，责怪也没太大意义，如果苛责于他，反而可能以后会失去他的帮助。

于是戴安娜对紧张不安的艾米说:“艾米，你知道，当我宴客的时候，你的在场对我有多重要！你是这里最好的招待。我也明白，那天发生的事你也没有办法控制。”

听完这番话，艾米的神情放松了，愧疚地道歉说：“的确，夫人，问题出在厨房。不过我敢保证，如果您能再给我一次机会，上次的情形不会再发生了。”

戴安娜无疑是聪明和内心宽厚的，她不仅让艾米意识到了错误，而且督促他以后的工作做得很好。

有些人在愤怒的时候往往会说出一些很难听的话来，结果导致事情不但得不到解决，反而使双方矛盾激化，情况变得更糟。

人非圣贤，孰能无过。当别人犯错误时，尽量以宽恕的心去谅解，用一种友善的方式让其从内心深处认识到自己的错误。这种做法不仅体现自己的修养，增加自己的感召力，还会得到犯错者的敬重。

—— 第 15 章 ——

心智者当敬人：敬人不卑微

屈己尊人，人皆举之

人活在这世上就注定不能离群索居，都要与人相处。在与人相处的过程中，要想得到别人的尊重，就必须学会屈己尊人。

尊重，是一种修养，一种品格，更是一种包容，一种智慧。给对方以一种不卑不亢的平等，不论他人是何身份，有何地位，钱财多寡，权力轻重，给其一种人格与价值的肯定。当做到这些的时候，自己也一定是被尊重的。

钱锺书就是个待人极好极尊重别人的人。有位曾陪护过钱锺书先生的50多岁的老护工，在谈到他时，常常显现出恭敬之情，她说：“有学问的人，待人真是好！真的！他心肠好，脾气也好，从不在我面前说半句重话。瞧瞧！像我这样的一个人，有啥地位呀，可他跟我说话时极客气，十分尊重人，生怕刺伤你。有时他即使疼得要命，他也忍着，生怕影响到我休息。不像有些人，有一点疼就不得了，能把好几个人支使得团团转。”

有一次，钱锺书家里人送来一些葡萄到病房。陪护阿姨洗了一部分喂他，他一边吃一边看着碗。等吃了一小部分后，说什么都不肯再吃。阿姨说：“你吃啊，还有这么多。”原来他不肯再吃，是想留下一些让阿姨吃，让她也尝尝新鲜。阿姨说没洗的还有好多，他才“哦”了一声，继续吃。后来，每次不管吃什么，他都这样。

一天，钱先生躺在病床上。阿姨以为他睡着了，便和查房护士小声聊了起来。护士问阿姨为什么从外地来北京的医院当护工，阿姨说家里穷，正在盖房子，需要钱。而当时，在北京医院做陪护，一个月最多只挣五六百块钱。

就在当天下午，钱锺书的夫人杨绛来医院。钱先生忽然向她开口要钱。他说："我要三千块钱！你给我带三千块钱来！"杨绛奇怪道："你躺在医院里，要钱干吗？"钱先生顿了顿，忽然用家乡话与杨绛说起话来。陪护阿姨虽然当时在场，却没有听懂一句。

第二天，杨绛再来医院时，拿了三千块钱给阿姨。阿姨惊奇地问："干吗给我钱？"杨绛指了指钱先生笑道："他听说你家在盖房子，怕你缺钱，叫我拿来给你的。"

阿姨听了顿时不知道该如何是好了，既为钱先生的有心感动，又因为他的处世为人觉得可敬。后来直到钱先生去世，阿姨也没有机会还那三千块钱，不但如此，钱锺书的夫人还拿出四万块钱给看护阿姨。

钱锺书先生学识渊博、声名远扬，却如此关心身边人的生活，给予他们极大的尊重。他的这种风格，也为自己赢得了广泛的赞誉。

尊重是一种大智慧。敬人不只是敬知音，更要敬那些有相异之处的人，不论才能、地位还是观点。有人认为读书为修身养性，而有人却认为读书为功名利禄，每个人都不尽相同，差异又何止万千。这时，都要给予尊重，这时的尊重就上升为了一种包容。坚守着自己的人生信条，同时又能从客观的角度欣赏着其他人不同的人生信条，这种尊重才是真正的平等的尊重。

对人恭敬就是庄严你自己

佛家说："你想获得什么，就要施舍什么。"想要获得别人的尊重首先要尊重别人，因为以谦虚恭敬的态度对待他人，也必能获得他人对自己的尊敬。

一位学生跟一位知名画家学画画，他几乎每次去师父家，总能遇上有青年画家登门求教，师父也总是很耐心地给其看画指点，常常一耽搁就是大半天。对于有潜力的青年爱好者，他还非常热心地反复示范，消耗了自己大量的时间和精力。

学生知道师父的时间很宝贵，而提携后辈完全是尽义务的，就忍不住问他："您何必这样呢？您的时间应该用来多画些画，干嘛都把精力浪费在这些人身上？”

师父愣了愣，然后笑着说：“我给你讲个故事吧。四十年前，有一个青年拿着自己的画作，千里迢迢来到京城，想请一位自己敬仰的画家指点一下。那画家看这青年是个无名小卒，连画轴都没让青年打开，就说自己有事，下了逐客令。那青年走到门口，转过身说了一句话：‘老师，您现在站在山顶，往下看我这个无名小卒，把我看得很渺小；但您也应该知道，我在山下往上看您，您也同样很渺小！’说完之后，转身而去。因为这件事，这青年发愤学艺，总算有了一点小名气。但他时刻记得那一次冷遇，并在心中随时提醒自己，一个人的形象是否高大，并不在于他所处的位置，而在于他的人格、胸襟、修养。当年的那个青年，就是我。”

学生听完，不禁对师父肃然起敬。那天，师父特意为他画了一幅画。画的是一座山峰，山顶有一个人往下看，山下有一个人往上看，两个人是一样大小的。

我们常说：“对人恭敬，就是在庄严自己。”一个人在别人眼中的形象是否高大，并不在于其处在什么样的位置，而在于这个人如何为人处世，在于这个人是否具有高尚的人格、宽广的胸襟。

不自以为是，能够帮助自己看到自己的差距，可以使人冷静地倾听他人的意见和批评，可以使人谦虚恭敬，谨慎处事。

所以说，任何时候，都要恭敬地对待别人。不要以貌取人，不要以权取胜，不要因自己站得高就蔑视身处低位的人。只有尊敬了别人，才能从别人那里得到应有的尊重。

尊重别人，更要尊重自己

现实生活里，人们很害怕的就是自己的自尊心被伤害，伤害自尊心比伤害肉体更痛，受伤期更久。所以，当你对别人表示尊重时，如果能考虑到对方的自尊心，那就更完美了。

一个商人晚上和助理在街上散步，看到路边有一个打扮得像乞丐的人，正在向路人兜售手里的铅笔芯，商人看着感觉十分可怜，便要助理给了这人十美元，然后离开了。

但是没走几步，商人又和助理又转了回来，只见商人拿起了一盒铅笔芯说:“刚才真不好意思，我太着急了，忘了拿我的铅笔芯。”商人说完还郑重其事对他说:“你跟我一样，都是商人，加油，小伙子!”

一年之后，在一个商贾云集的聚会上，一位打扮入时、风度翩翩的年轻人激动地握住商人的手，说:“您可能不记得我了，但我却忘不了您，要不是您对我的鼓励，给了我自尊和自信，我可能还把自己当成推销铅笔的乞丐，也就不会有今天的我了，谢谢您!”

商人用自己对别人的尊重换来了别人对自己的尊重。这告诉我们，尊重别人，即使一个毫不起眼的小人物，都可能会唤醒这个人内在最高贵的良知。

但尊重从来都不是单方面的付出，是彼此共同的表现。如果只有别人尊重你，你不尊重别人，这份尊重迟早会跌入尘埃；如果只有你尊重别人，别人不尊重你，这份尊重也迟早会瓦解。

人生来都是平等的，没有高低贵贱之分。然而，社会的发展，造就了不同的阶层，于是就有了贫富的差距、权力的大小、身份的高低，平等在人们心中就出现了差异。有些人，因为身份、权力、财富的差距，变得高高在上，看不起这个，瞧不上那个，一副天下唯我有的睥睨姿态。

面对这种人，可以钦佩，可以尊敬，可以仰望，但绝不能卑微自己。不能因为自己过得比别人差，权力没别人大，财富没别人多，成就没别人高，就认为自己比别人低一等，就感到愧疚，觉得卑微，表现得唯唯诺诺、低声下气。

人生可以以成败论英雄，但生命没有高低贵贱。在别人眼中，也许你可有可无，但在你的亲人眼中，你就是独一无二的存在。生命从没有卑微，不管别人的高低，自己的成败，谁也不能轻贱自己的人生。所以，尊重别人的同时，一定要懂得尊重自己；自己都不尊重自己，还能指望别人来尊重吗？

—— 第 16 章 ——

心智者当让人：让人不退尽

让，是一种非凡智慧

这是一则真实的新闻，看完让人扼腕。

小张在一家饭店打工，嫌工资低不干了。他跑去找老板讨要 20 天的工资。老板说他有两天没上班，只给 18 天的工资。他认为那两天是正常休假，不该扣自己的工资。小张在下班时拦住了老板，老板不同意，小张抓住摩托坐架就是不相让。老板开着摩托就走，把他拖了四十多米。结果小张成了植物人，躺在医院里没了意识；而老板花了几十万还看不到希望的结局。

两天的工资几百元，如果有人先让一步，何以发展到如此两败俱伤的地步。

生活中，忍让无处不在，无人不需。不能忍让的人往往害了别人又毁了自己。我们常说，退一步海阔天空，忍一时风平浪静。为什么事到临头，就忘了“让”呢？

让，是一种必要的修养。人的挫败感往往是在自认为受伤或者吃亏时产生的，并由此腾起无明业火或者心生报复。遇到问题，如果我们先都能冷静想一想，它是什么原因引起的？自己有没有过错？争下去会有什么结果？退让又会有怎样结局……这时，回过头再看它，你就会发现矛盾没那么尖锐，一时的得失不是那么重要。

很多时候，学会退一步，自己释怀，还会善待他人。《弟子规》有言：“财物轻，怨何生。言语忍，忿自派。”把钱财看轻一点，就不容易怨恨；对别人的言语多些宽容，就会少很多愤怒。心胸宽广了，能容能让了，还有什么样的芥蒂不能解开。

让是一种迂回的力量，“手把青秧插野田，低头便见水中天。六根清静方为道，退步原来是向前”。布袋和尚的这首诗对“退让”做了最形象化的诠释——退让表面看是在后退，其实它是在后退中向前。

马尔辛利刚出任美国总统时，指派某人担任税务部长，却遭到许多国会议员反对。他们派出代表去见马尔辛利，当面辱骂他。马尔辛利始终一言不发。等到谩骂结束了，他才温和地说：“你讲完了，怒气该可以平息了吧！照理你是没有权力这样责问我的，不过我还是愿意详细地给你解释……”

短短几句话就让那个无礼的议员懊悔万分。他回去汇报时，是这么说的：“我记不清总统的全部解释，但有一点可以报告，那就是——总统的选择没有错。”

这就是让的力量。让步看似软弱，但是能以柔克刚。因为让里有一种真诚接纳的态度，是一种宽容和尊重的修养。所以，当矛盾突现时，如果双方各让一步，就能化干戈为玉帛，换得和谐共赢的局面。

让是一种非凡的智慧。封建时代，许多功臣难以善终，但郭子仪却是一个例外。

权臣鱼朝恩派人挖了他祖坟。他没有报复，而是对着皇帝哭诉道：“臣可能因为长期在外主持军务，部下众多，治军不严，下属挖毁别人坟墓的事是常有的。这是为臣的不忠不孝，招致老天的谴责，不是人患所造成的。”

他任命了一个州县长官，代宗却不批准。部将们都为郭子仪鸣不平，但是他却说：“你们不知，皇上之所以这样做，是因为这些节度使手里有军队，不答应他们的要求他们就不会听命，这样做是因为皇帝怕他们造反呀。皇帝拒绝我的请求，不怕我有意见，那是将我当成心腹自己人啊。”有这样的胸襟和眼光，郭子仪能不一帆风顺吗？

让，是成熟睿智的气度，是一种超越凡人的智慧。如果我们对芝麻小事睁一眼闭一眼，不去斤斤计较，就能远离狭隘、自私、顽固，获得坦然和安全的人生。

不争，人生至境

生活中的纷纷扰扰围绕着一个字：争。这个世界的吵闹、喧嚣、摩擦、嫌怨都是争的恶果。昨天争，今天争，你也争，我也争，争到最后，原本阔大、渺远的尘世，只剩下一颗自私的心了。

生活中，有无数个不争的理由。心胸开阔一些，争不起来；得失看轻一些，争不起来；为别人多考虑一些，争不起来……但欲望，却让人像埋伏在草丛深处的狮子，对猎物垂涎三尺。

财富争到手，幸福不见了；名声争到手，快乐不见了；非分的东西争到手，心安不见了。极力争到手的不是幸福、不是快乐、不是心安，而是烦恼、痛苦、仇怨，以及身心疲倦至极。

汉高祖刘邦的谋士张良，不仅才智过人、功勋显赫，而且为人处世极为低调谦卑、不争不抢。一次，刘邦要废掉太子刘盈，吕后派人求张良帮忙，张良在无法推脱之下，让吕后请出商山四皓辅佐太子。刘邦非常崇敬这四个人，见此情形，知道太子羽翼已成，不得已放弃废太子的念头。

吕后向张良表示感谢，张良却说这都是皇后的高见，与自己没有关系。

后来刘邦病故，吕后专权，许多朝中重臣或被杀，或被贬，唯独张良得以善终。

功劳如张良，却能不居功，弃智绝俗，真是深谙“不争”的玄妙。

南怀瑾说过一句话：“生命，只有在被欲望迷乱了的人心中，才一定要分出尊卑高下。不争，是人生至境。”

很多时候，我们以为占有越多虚名和浮利，就越能代表成功，心理越满足、越幸福。其实，换个角度，这些反而会成为心灵的累赘，让人背负沉重的心理压力。

著名作家刘震云，在菜市场买菜时，得知自己获得了茅盾文学奖，奖金丰厚。但他却表现得云淡风轻，说可以买比茄子贵一点的西红柿，回家做打卤面。

在刘震云心里，也许他压根没把这当回事，他的日子该怎么过还是怎么过。

面对荣誉，诺贝尔医学奖获得者屠呦呦也是如此。许多人慕名前来采访，但她却说，科学研究不是为了争名夺利，她不在乎这些。得奖后的她拒绝了很多荣誉，依旧像一个邻家老太太，过着和平常一样的日子。

《道德经》里有一句话："少则多，多则惑。"一个人争得越多，束缚的东西就会越多；求得越少，反而困扰的东西就越少。

该争的，要毫不犹豫去争

孙子说：我得亦利，彼得亦利者，为争地。

意思是兵家必争之地，谁先占领了，就对谁有利。曹操评价说，占领了争地，就可以以少胜多，以弱胜强。所以面对该争之地，就必须想办法把它争取到。

苻坚准备南下，统一全国。为了可以专心南下，防止其他国家趁机来攻，派大将吕光征讨西域，吕光不辱使命，大获全胜，准备带着大批战利品回来，没想到听说苻坚在淝水大败。

苻坚倒下了，手下的大将开始各自为政。凉州刺史梁熙不想吕光回来，欲关上通道。

高昌太守杨瀚就献计说：“吕光刚在西域打了胜

仗，士气正盛，现在他听说中原动乱，回来肯定有所图谋。如果他回中原恐怕很少有人能抵挡。高梧谷口是个险要的地方，我们应该先占领并迅速控制水源。等到对方渴的不行了，我们再出手就容易多了。如果您觉得高梧太远，伊吾关也可以抵挡。古人说地有所必争，这两处就是必争的地方啊。如果能够守住这两处险要之地，即便有张良给他出谋划策，他也是无计可施啊。”

吕光通过探子知道了杨瀚的计策，一筹莫展，不知如何应对。这时他的一个部下提议说：“将军莫怕，梁熙虽然有才，却不知变通，他是不会听别人意见的。咱们只需要加速前进，不用迟疑。”

果然，梁熙觉得这两个关都太远，仅仅在附近派了军队拦截。吕光的军队士气旺盛，又没有特别的险阻可以拦截，很快就攻进了城，斩了梁熙，不久建立了后凉帝国。

历史不会有简单的重复，但总是有惊人的相似。

汉初也发生过这样的事。韩信攻打赵国，需要途径井陉，李左车给守将陈余献计说，井陉口地势险要，我们在此地重兵埋伏，定能大获全胜。陈余思想保守，只想和韩信面对面较量，结果韩信直接灭了赵国。

多谋之人不乏，但善断之人不多。该争不争，最终一败涂地。

吴王曾经问孙子："争地这么重要，如果被别人抢先占了，怎么办呢？"

孙子说："如果敌人占了争地，那我们就不要去正面攻打，可以大张旗鼓，在车马后面拖上树枝，使尘土满天飞，假装在撤退。然后分兵打敌人别处的战略要地，把敌人引出来。等敌人一出来，我们埋伏好的人就把争地占了。这就是反争之道。”

战争如此，生活中其实也是这样。该争的就要主动去争，据理力争，全力去争，这样才不留遗憾，不枉此生。